Die quiekende Wirbelmaschine
und andere Experimente

Ralph Levinson

Die quiekende Wirbelmaschine

und andere Experimente

Lesen und Freizeit Verlag

Deutsche Erstausgabe

Lizenzausgabe der Lesen und Freizeit Verlag GmbH, Ravensburg
Die Originalausgabe erschien 1984 unter dem Titel
„HOW TO TURN WATER UPSIDE DOWN and other zany science experiments"
by The Hutchinson Publishing Group, London
Text: © 1984 by Ralph Levinson
Illustrationen: © 1984 by The Hutchinson Publishing Group

Aus dem Englischen von Mara Luckmann

Umschlagentwurf von Monika Uhlmann

Alle Rechte dieser Ausgabe vorbehalten durch
Lesen und Freizeit Verlag GmbH, Ravensburg
Druck und Verarbeitung: Ebner Ulm
Schrift: Sabon
Printed in Germany
ISBN 3-88884-193-3

Inhalt

Einleitung	9
Der Landehubschrauber	11
Ein Glas Wasser steht kopf	13
Die quiekende Wirbelmaschine	15
Das Gummibandkonzert	17
Die triefende Parfümflasche	19
Der Papierfallschirm	21
Die Raketenabschußrampe	23
Doppelt sehen	27
Tintenspaltung	29
Die hauseigene Obstplantage	32
Färben mit Pflanzen	35
Die Papierfabrik	38
Das Kaleidoskop	42
Der fliegende Bischof	44
Der rollende Bumerang	46
Der Tiefseetaucher	49
Wie hoch ist der Baum?	51
Der Düsenballon	54
Der Eier-Härtetest	56
Die preiswerte Brille	57
Zuckersüße Wissenschaft	59
Der indische Seiltrick	61
Das Luftkissenglas	63
Achtung! Klapperschlangeneier!	65
Das Seifenboot	68
Die Klangnadel	70
Die flüssige Farbenschau	72
Mit spitzem Bleistift	74
Geld aus dem Nichts	76
Ein Bücherstapel geht in die Luft	78
Wie stark ist dein Händedruck?	80

Das Morsefunkspiel	82
Die Staubexplosion	89
Der elektrische Stift	93
Silberherstellung	95

★ Experimente, die du ohne Hilfe eines Erwachsenen durchführen kannst.

★★ Experimente, bei denen dir ein Erwachsener behilflich sein sollte.

★★★ Experimente, die man unter Anleitung eines Lehrers machen sollte.

Mein Dank gilt meiner Mutter, die das Manuskript tippte, und Julia, Chris und Ian für ihre Vorschläge sowie all den Mädchen und Jungen, die die Experimente durchführten und sich bereitwillig als Versuchskaninchen für die Tricks zur Verfügung stellten.

Einleitung

Wenn du anderen gern Streiche spielst und Spaß an ungewöhnlichen Experimenten hast, dann ist dies genau das richtige Buch für dich. Was beispielsweise widerfährt deinen Freunden, wenn du sie an einer „Parfümflasche" schnuppern läßt? Sie werden nicht etwa Parfüm riechen, sondern ziemlich dumm dastehen. Und was haben Klapperschlangeneier in Briefumschlägen zu suchen? Des Rätsels Lösung wird deine Freunde in Staunen versetzen!

Die meisten erforderlichen Utensilien findest du im Haushalt, das eine oder andere wirst du dir in einem Eisenwarengeschäft, einer Apotheke, einem Elektrogeschäft oder einer Gärtnerei besorgen müssen. Für manche Experimente benötigst du nur wenige Sekunden, für eines mehrere Jahre, meist jedoch sind für jeden Versuch etwa fünf Minuten anzusetzen.

Vor der Durchführung eines Experiments solltest du alle notwendigen Utensilien bereitlegen und die Anleitung sorgfältig studieren, damit du genau weißt, wie du vorzugehen hast. Die Arbeitsfläche sollte ausreichend groß sein. Außerdem sind alle erforderlichen Sicherheitsmaßnahmen zu treffen. Hat man für ein Experiment chemische Substanzen verwendet, sollte man sich hinterher auf jeden Fall die Hände waschen (Gummihandschuhe sind empfehlenswert) und anschließend sämtliche Utensilien wieder an ihren Platz räumen. Hantierst du mit einer Flamme, halte einen ausreichenden Sicherheitsabstand ein, damit Kleidung oder Haare kein Feuer fangen. Hast du langes Haar, hältst du es am besten mit einem Gummiband zusammen. Die Spitze einer Schere muß stets vom Körper weg zeigen. Willst du einen Nagel einschlagen, zum Beispiel in eine Blechdose, stelle sicher, daß die Dose nicht wegrutschen kann. Tauchen Probleme auf, bitte einen Erwachsenen um Rat. Erwachsene werden übrigens an diesen Experimenten ebenfalls ihren Spaß haben!

Alle in diesem Buch vorgestellten Experimente können zu Hause ausgeführt werden, bis auf drei, die für die Schule gedacht sind. Bitte deine Lehrerin oder deinen Lehrer, dir behilflich zu sein – sowohl der Lehrer als auch deine Mitschüler werden bestimmt mit Spaß bei der Sache sein.

Wissenschaftler haben bekanntermaßen nicht nur verrückte Einfälle, sondern manchmal auch tolle neue Ideen. Wenn du alle Experimente in diesem Buch durchgeführt hast, versuche dich einmal daran, selbst neue Tricks und Experimente zu erfinden!

Der Landehubschrauber ★

Du brauchst:
ein Blatt Papier
Buntstifte oder Wachskreide
eine Schere

Was geschieht?
Du stellst einen einfachen Hubschauber her. Die gelungenste Ausführung bleibt am längsten in der Luft. Der Hubschrauber läßt sich in wenigen Minuten anfertigen.

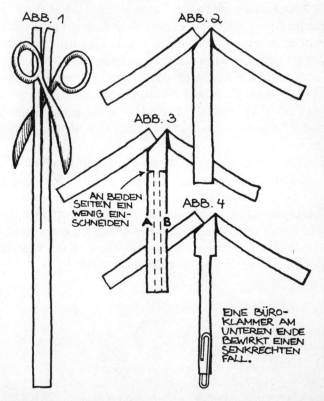

Schneide einen langen, schmalen Papierstreifen von etwa 25 cm Länge und 5 cm Breite zu und schneide dann diesen Streifen in der Mitte bis etwa zur Hälfte ein, so daß du zwei gleiche Streifen erhältst (Abb. 1). Biege den einen Streifen nach hinten, den anderen nach vorn (Abb. 2). Bringe nun unterhalb der Streifen je einen kleinen Einschnitt an (Abb. 3). Lege die Seiten A und B übereinander – und fertig ist dein Papierhubschrauber (Abb. 4).

Halte den Hubschrauber senkrecht hoch und laß ihn aus einiger Höhe fallen. Er wird langsam zu Boden gleiten, wobei sich die beiden Papierstreifen wie Rotorblätter drehen. Je gelungener das Modell, desto besser drehen sich die Rotoren. Nimmt man Veränderungen in der Länge oder Breite der Papierpropeller vor, verändert sich auch die Leistung des Hubschraubers entsprechend. Malst du nun die Rotorblätter des Hubschraubers noch bunt an, hast du ein farbenprächtiges Gebilde vor dir, wenn du den Hubschrauber zu Boden schweben läßt.

Du wirst feststellen, daß du ein einer Baumfrucht ähnliches Gebilde angefertigt hast – es gleicht der Samenkapsel des Ahornbaumes. Fällt eine solche Samenkapsel zu Boden, dreht sie sich und wird vom Wind fortgetragen. Auf dieser Weise breiten sich die Samen auf einer ausreichend großen Fläche aus, so daß allen Pflanzen genügend Lebensraum zur Verfügung steht.

Ein Glas Wasser steht kopf ★

Du brauchst:
ein Glas Wasser
dünne, steife Pappe

Was geschieht?
Du stellst ein mit Wasser gefülltes Glas auf den Kopf, ohne auch nur einen Tropfen zu verschütten. Du benötigst für das Kunststück nur wenige Minuten.

Fülle ein Glas langsam randvoll mit Wasser, so daß sich keine Luftblasen bilden. Schiebe ein Stück Pappe vorsichtig über das Glas, so daß möglichst wenig Wasser überschwappt und sich keine Luft mehr zwischen Pappe und Wasser befindet (Abb. 1). Dieser Vorgang bedarf einiger Übung. Lege eine Hand fest auf die Pappe und drehe das Glas auf den Kopf – am besten über einem Waschbecken! Ziehe nun die Hand weg (Abb. 2) – und, kaum zu glauben, das Wasser bleibt trotz der auf es einwirkenden Schwerkraft im Glas!

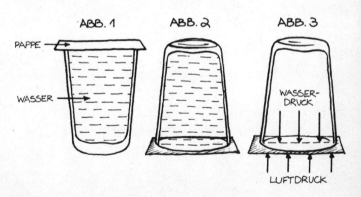

Wie erklärt sich dieser geheimnisvolle Vorgang? Des Rätsels Lösung lautet: Luft. Das Wasser drückt nach

unten gegen die Pappe, die Luft drückt nach oben (Abb. 3). Doch genügt bereits ein winziger Zwischenraum zwischen Wasser und Pappe, durch den Luft eindringt, und der Druck des Wassers nach unten wird übermächtig. (Man verwendet Pappe, da sie für eine möglichst ebene Wasseroberfläche sorgt, weicheres Papier würde aufquellen und wasserdurchlässig werden.)
Du solltest dieses Experiment nicht gerade über eurem besten Teppich durchführen!

Die quiekende Wirbelmaschine ★

Du brauchst:
einen kleinen Becher mit fest schließendem Deckel
Klebeband
eine Streichholzhälfte
einen Bindfaden oder eine dünne Schnur
eine Schere

Was geschieht?
Mit Hilfe dieses kleinen Bechers lassen sich seltsame Quiekgeräusche erzeugen, wenn man ihn durch die Luft wirbelt. Du brauchst nur wenige Minuten, um diese „Wirbelmaschine" herzustellen.

Schneide einen Streifen von etwa $1/2$ cm Breite und einer Länge von $2/3$ der Becherhöhe aus (Abb. 1). Bohre mit der Schere ein kleines Loch in den Deckel. Schneide ein etwa 1 m langes Stück Bindfaden oder Schnur zu. Nimm den Deckel vom Becher und knote das eine Bindfadenende um das Streichholz und fädle den Bindfaden von unten durch das Loch. Lege den Deckel wieder auf den Becher und klebe ihn mit Klebeband gut fest (Abb. 2). Nimm den Bindfaden in etwa 30 cm Höhe in die Hand und wirble den Becher durch die Luft. Du hast ein Musikinstrument gebaut, mit Hilfe dessen sich recht seltsame Geräusche erzeugen lassen.

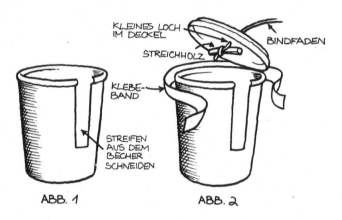

Wirbelt man den Becher durch die Luft, wird die in ihm enthaltene Luft in Schwingung versetzt. Diese Schwingungen pflanzen sich in Form von Schallwellen durch die Luft fort. Veränderst du die Drehgeschwindigkeit, verändert sich auch die Schwingungsfrequenz und damit die Tonhöhe.

Was geschieht, wenn du die Schnurlänge veränderst? Versuche verschiedene Geräusche zu erzeugen, indem du Becher aus anderen Materialien verwendest und unterschiedlich breite oder lange Streifen herausschneidest.

Das Gummibandkonzert ★

Du brauchst:
verschieden lange und verschieden dicke Gummibänder
ein dünnes, gebundenes Buch
Bleistiftstummel und/oder Radiergummis

Was geschieht?
In nur einer Minute kannst du dir ein außergewöhnliches Musikinstrument bauen.

Spanne in etwa 4 cm Abstand sechs verschieden dicke Gummibänder um das Buch. Unter jedes Gummiband steckst du einen kleinen Radiergummi oder Bleistiftstummel; sie dienen als „Griffe" (Abb. 1). Zupfst du nun an einem Gummiband, erzeugst du einen Ton. Durch Verschieben des „Griffs" veränderst du je nach Entfernung zwischen Buchrand und Griff die Tonhöhe.

ABB. 1

Zupft man am Gummiband, versetzt man das Gummiband und die es umgebenden Gaspartikel in der Luft in Schwingung. Diese Partikel stoßen an andere Luftpartikel, die ihrerseits in Schwingung versetzt werden. Das Ohr nimmt diese Schwingungen in Form von Schallwellen wahr und verwandelt sie in Klänge. Verkürzt du die

"Saiten", wird die gesamte Tonhöhe des "Instruments" angehoben.

Zupfst du am Gummiband, werden Wellen daran entlang geleitet (Abb. 2). Verkürzt man die "Saite", werden die Wellen kürzer und die Frequenz höher. Wellen mit hoher Frequenz ergeben hohe Töne, Wellen mit niedrigerer Frequenz tiefe Töne. Zupft man sehr fest an den Saiten, vergrößert man die Schwingungsweite und erzeugt auf diese Weise einen lauteren Ton. Der jeweils erzeugte Ton hängt von der Länge der Saite ab, ihrer Dicke und davon, wie fest man die Saite zupft. Dickere Gummibänder ergeben andere Töne als gleich lange, dünnere Gummibänder.

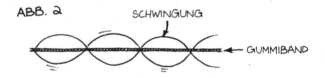

Verwendet man Gummibänder verschiedener Stärke und verändert die Abstände zwischen Buchrand und Radiergummi bzw. Bleistiftstummel, kann man eine Art Banjo herstellen. Mit ein wenig Übung wird aus dir bestimmt ein virtuoser Gummibandbanjo-Spieler.

Die triefende Parfümflasche ★

Du brauchst:
eine kleine, leere Plastikflasche mit Verschluß
einen kleinen Nagel oder eine Reißzwecke
ein trockenes Tuch

Was geschieht?
Bitte jemanden, der Spaß versteht, an deinem Parfüm zu riechen – er wird dabei tropfnaß werden! Dieser Trick bedarf fünf Minuten Vorbereitungszeit.

Bohre mit dem kleinen Nagel fünf Löcher in den Boden der Plastikflasche. Halte die Flasche über ein Waschbecken und fülle sie mit Wasser. Schraube den Deckel auf die Flasche und wische den Flaschenboden mit einem Tuch trocken. Du wirst feststellen, daß kein Wasser mehr aus der Flasche tropft.

Halte die Flasche oben fest und reiche sie einem Freund oder einer Freundin. Die jeweilige Person sollte möglichst sitzen. Bitte sie, an dem herrlich duftenden Parfüm in der Flasche zu riechen. Hält sie nun die Flasche in der Mitte fest, wird sie über und über naß, da das Wasser durch die Löcher spritzt. Ergreift sie jedoch die Flasche, ohne darauf zu drücken, wird sie sich ganz schön dumm vorkommen, sobald sie den Deckel aufschraubt.

Hält man die Flasche oben fest, scheint das Wasser nicht den Gesetzen der Schwerkraft zu unterliegen. Im Grunde genommen handelt es sich jedoch um die Oberflächenspannung, die das Wasser am Herausfließen hindert. An der Wasseroberfläche bilden mit bloßem Auge nicht erkennbare Wassermoleküle eine Art Haut, die eine dem Gewicht des Wassers entgegenwirkende Kraft ausübt. Diese Kraft wird als Oberflächenspannung bezeichnet. Drückt man nun auf die Flasche, nimmt die nach unten wirkende Kraft zu und wird größer als die Oberflächenspannung. Schraubt man den Deckel ab, bewirkt der Luftdruck, daß das Wasser aus der Flasche herausgedrückt wird.

Der Papierfallschirm ★

Du brauchst:
ein viereckiges Stück Seidenpapier oder dünnen Stoff
Klebeband
vier gleich lange Fäden von ca. 30 cm Länge
Knetmasse
eine Schere
eine Nadel

Was geschieht?
Du fertigst dir in wenigen Minuten einen Papierfallschirm und beobachtest ihn in seinem Gleitflug.

Klebe vorsichtig jeweils ein Fadenende mit Klebeband an je eine Ecke des Seidenpapiers oder des dünnen Stoffs (Abb. 1). Die frei hängenden Fadenenden werden zusammengefaßt und mit ein wenig Knetmasse aneinander befestigt. Der Fallschirm ist fertig! Falte ihn sorgfältig zusammen und laß ihn aus einiger Höhe fallen. Du kannst beobachten, wie sich der Fallschirm entfaltet und zu Boden schwebt. Bewegt sich der Fallschirm un-

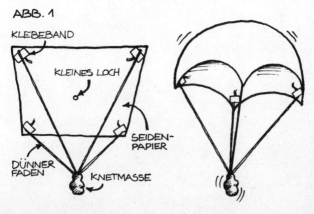

gleichmäßig, bohre in die Mitte des Papiers mit einer Nadel ein kleines Loch.

Ein Fallschirm wird von der Schwerkraft der Erde nach unten gezogen, doch während des Falls fängt sich unter dem „Baldachin" Luft, die den Fallschirm trägt und damit die Fallbewegung verringert. An den Seiten des Fallschirms entweicht die Luft unregelmäßig, was ruckartige Fallbewegungen verursacht. Pikst man ein kleines Loch in den Baldachin, entweicht die Luft gleichmäßig, und der Fallschirm gleitet in gleichmäßigem Flug zu Boden.

Die Raketenabschußrampe ★

Du brauchst:
ein langes Papprohr
ein Stück dünne, steife Pappe
einen Bleistift
drei Büroklammern
zwei Gummiringe
Klebeband
Bindfaden – etwas länger als das Papprohr
einen Bleistiftstummel
den Fallschirm, wie du ihn im vorangegangenen Kapitel angefertigt hast
eine Schere
ein kurzes Papprohr

Was geschieht?
Du schießt Flugkörper in den Weltraum. In etwa zwanzig Minuten ist deine Startrampe fertig.

Stelle das Papprohr aufrecht auf die dünne Pappe und fahre mit dem Bleistift darum herum. Schneide den so entstandenen Kreis entlang der inneren Seite des Bleistiftstriches aus, so daß der ausgeschnittene Kreis in das Rohr paßt. Bohre in diesen Pappkreis zwei kleine Löcher, biege eine Büroklammer auseinander und stecke die Enden durch die Löcher (Abb. 1). Verbinde zwei

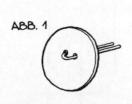

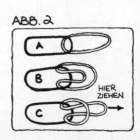

Gummibänder so miteinander, wie es auf Abb. 2 zu sehen ist. Schneide auf zwei gegenüberliegenden Seiten des Pappkreises je ein kleines Dreieck aus, in die das Gummiband paßt. Klebe dann das Gummiband mit Klebeband auf dem Pappkreis fest (Abb. 3). Stecke auf jedes Ende des Gummibands eine Büroklammer. Verdrehe die freien Enden der Büroklammer in der Mitte und knote einen Faden daran (Abb. 4). Laß das Faden-

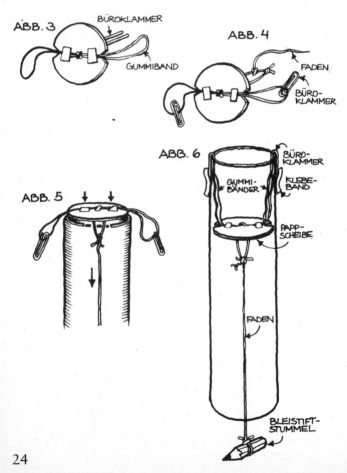

ende in das Papprohr hängen und schiebe die Pappscheibe nach unten (Abb. 5). Binde einen Bleistiftstummel an das Fadenende. Stecke die Büroklammern auf den oberen Rand des Papprohrs und befestige sie mit Klebeband (Abb. 6). Schiebe ein kürzeres Papprohr (z.B. eine Toilettenpapierrolle) in die Raketenabschußrampe. Ist das kurze Rohr zu weit, schneide einen Streifen heraus und klebe es dann mit Klebeband wieder zusammen, um den Durchmesser des Rohrs zu verkleinern. Halte die Abschußrampe senkrecht, ziehe an der Schnur und laß sie dann los. Das kurze Rohr wird wie eine Rakete ins All befördert. Du kannst dieses Papprohr auch anmalen oder mit Buntpapier bekleben und aus Pappe einen kleinen Kegel basteln und als Raketenkopf oben am kurzen Rohr befestigen. Wenn du Lust hast, kannst du auch die Abschußrampe bemalen.

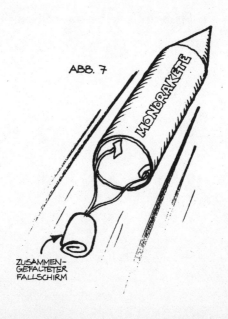

Um eine sichere Landung zu gewährleisten, befestigst du den im vorigen Kapitel beschriebenen Papierfallschirm an der Rakete, den du sorgfältig zusammenlegst (Abb. 7). Er entfaltet sich nach Abschuß der Rakete und sorgt dafür, daß sie sicher wieder auf der Erde landet. Du kannst mit der Abschußrampe alles in den Weltraum entsenden, was in das Rohr hineinpaßt.

Bei der Raketenabschußrampe handelt es sich genau wie beim „rollenden Bumerang" um einen Energieumwandler, der auf denselben Prinzipien beruht wie ein Katapult. Wird das Gummi nach hinten gezogen, wird sogenannte potentielle Energie erzeugt. Läßt man das Gummiband los, schnellt es nach vorn, und die potentielle Energie wird in kinetische Energie umgewandelt (siehe auch „Der rollende Bumerang") und setzt so das Geschoß in Bewegung.

Und nun viel Spaß im Raketenkontrollzentrum!

Doppelt sehen ★

Du brauchst:
einen Finger
ein Augenpaar
eine Person

Was geschieht?
Du wirst feststellen, daß alles im Leben seine zwei Seiten hat.

Halte deinen Zeigefinger in kurzer Entfernung vor die Nase und hefte etwa fünfzehn Sekunden lang deinen Blick darauf. Richte dann deinen Blick auf die Person – und zwar in einer Linie mit dem Finger –, die auf der entgegengesetzten Seite des Zimmers stehen sollte. Du wirst feststellen, daß du nun zwei Zeigefinger statt einen siehst – einen echten und einen „Geisterfinger". Richtest du nun wieder den Blick auf den Finger, scheint sich die Person verdoppelt zu haben, während du „nur" mehr einen Finger siehst.

Viele Dinge erscheinen doppelt, da man zwei Augen besitzt. Es ist nicht möglich, alles um einen herum wahrzunehmen, zu „sehen", denn das menschliche Hirn könnte eine solche Fülle optischer Informationen nicht verarbeiten. Man kann jeweils nur einen Gegenstand näher in Augenschein nehmen. Richtest du deinen Blick auf einen Gegenstand, nimmt jedes deiner Augen ein eigenes „Abbild" wahr. Das Gehirn verarbeitet also jeweils zwei Abbilder zu einem Abbild. Von sämtlichen anderen Gegenständen werden ebenfalls zwei Abbilder geformt, man ist sich dessen jedoch nicht bewußt, weil man sich jeweils auf nur einen Gegenstand konzentriert.

Du kannst selbst durch einen Test herausfinden, daß beide Augen ein leicht voneinander abweichendes Abbild formen. Halte einen Stift vor deine Augen. Kneife nun abwechselnd sehr schnell hintereinander jeweils ein Auge zu. Du wirst feststellen, daß der Stift mit jedem Blinzeln scheinbar seine Stellung verändert.

Tintenspaltung ★

Du brauchst:
ein Blatt weißes Löschpapier oder Filterpapier
ein schmales, kleines Glas oder eine Tasse
verschiedene, farbige Tinten
eine Pipette
eine Schere
ein Stück weiße Kreide
eine flache Schale oder eine Untertasse
Spiritus
Filzstift mit dünner Spitze

Was geschieht?
Nach wenigen Minuten wirst du erstaunt feststellen, daß die Tinte eine andere Farbe angenommen hat.

Schneide in das Löschpapier einen Streifen von etwa 1 bis 2 cm Breite (Abb. 1). Gib mit der Pipette etwa 2 cm unterhalb dieses Streifens einen Tropfen Tinte auf das Papier. Fülle ein wenig Wasser in das Glas und lege das

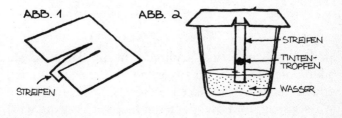

Löschpapier darauf. Tauche den Streifen vorsichtig in das Wasser, so daß sich der Tintentropfen auf dem Löschpapier knapp über der Wasseroberfläche befindet (Abb. 2). Nach wenigen Minuten „spaltet" sich die Tinte in verschiedene Farben auf. Du kannst dieses Experiment mit andersfarbiger Tinte oder mit wasserlöslichen Färbemitteln wiederholen.

Du hast dich bei diesem Versuch den Prinzipien der Chromatographie bedient, das Ergebnis wird als Chromatogramm bezeichnet. Diese Technik wird vor allem angewandt, um Fälschungen nachzuweisen, da sich beispielsweise schwarze Tinte von verschiedenen Herstellern in unterschiedliche Farbstreifen aufspaltet. Mittels der Chromatographie läßt sich das vom Fälscher verwendete Tintenfabrikat feststellen. Versucht einmal gemeinsam, euch ein „Fälscherspiel" auszudenken, bei dem ihr das Prinzip der Chromatographie anwendet.

Ein Chromatogramm kann auch mit Hilfe eines Kreidestücks durchgeführt weden. Zeichne mit einem dünnen Filzstift eine Linie rund um die Kreide herum (Abb. 3).

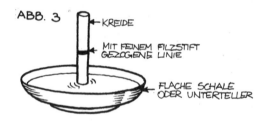

Stelle das Kreidestück senkrecht in die flache Schale oder Untertasse, die du zuvor mit Spiritus gefüllt hast, und in wenigen Minuten entsteht ein Chromatogramm. Wasser steigt im Löschpapier auf, dieser Vorgang wird als Kapillarität (Verhalten von Flüssigkeiten in engen Röhren) bezeichnet. Bei einem Kapillargefäß handelt es sich um ein längliches, fadenartiges Rohr. Aufgrund der Anziehung zwischen den Wassermolekülen und den Wänden des Kapillargefäßes steigt Wasser durch diese schmalen Röhren. Daher saugen sich auch Schwämme und Löschpapier mit Wasser – in unserem Fall Tinte – voll. Tinte enthält verschiedene Farbstoffe. Saugt sich das Löschpapier mit Wasser voll, löst es die Tinte in ihre verschiedenen Farbbestandteile auf. Die Farbstoffe breiten sich unterschiedlich schnell in dem Löschblatt aus und werden auf diese Weise voneinander getrennt. Detektive, vor allem jedoch Biochemiker bedienen sich der Chromatographie, um die Bestandteile bestimmter biologischer Stoffe zu analysieren.

Die hauseigene Obstplantage ★

Du brauchst:
Kerne verschiedener reifer Zitrusfrüchte
leere Marmeladengläser
Blumenerde
Plastiktüten und Gummibänder zum Verschließen
verschiedene Blumentöpfe
einen Teelöffel
Kieselsteine

Was geschieht?
Wie wäre es mit einer hauseigenen Plantage? Allerdings wirst du dich in Geduld üben müssen, denn es dauert einige Jahre, einen ausgewachsenen Obstbaum heranzuziehen.

Aus Orangen-, Zitronen- und Grapefruitkernen lassen sich Bäume heranziehen. Es ist ziemlich unwahrscheinlich, daß sie je Früchte tragen werden, da das Klima in unseren Breitengraden zu kalt für Zitrusfrüchte ist, es dürfte dir jedoch gelingen, die Samen zum Keimen zu bringen, und bei liebevoller Pflege werden sie zu durchaus stattlichen Bäumchen heranwachsen.

Die beste Pflanzzeit für die Kerne ist April, da sie dann sehr viel mehr Tageslicht bekommen als im Herbst oder Winter. Lege bis zu einer Höhe von 2 bis 3 cm Kieselsteine in die leeren Gläser. Dies dient als Abflußschicht. Dann wird das Glas bis zu einer Gesamthöhe von etwa 5 bis 10 cm mit feuchtem Mischdünger gefüllt, in den die Kerne eingesetzt werden, und zwar 1 bis 2 cm tief. Versieh das Glas mit einem Etikett, damit du weißt, welche Pflanze du darin angepflanzt hast. Stelle das Glas in einen Plastikbeutel und verschließe ihn mit einem Gummiring (Abb. 1). Dadurch werden die keimenden Sämlinge feucht und die Wasserverdunstung des Düngers möglichst gering gehalten.

Stelle die Gläser in ein helles, warmes Zimmer. Hat der Sämling eine Höhe von 3 bis 4 cm, wird er in einen klei-

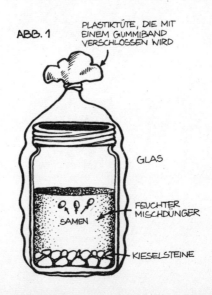

nen, mit Erde gefüllten Blumentopf umgepflanzt (ein Sämling pro Topf). Hebe den Sämling samt Wurzeln mit einem Tee- oder Kaffeelöffel behutsam aus dem Glas, setze ihn in ein kleines Loch in der feuchten Erde und bedecke seine Wurzeln gut mit Erde. Dies geht am besten mit den Fingern. Denk daran, den Sämling während seiner Wachstumsphase im Sommer regelmäßig, im Winter jedoch nur etwa einmal die Woche zu gießen. Hat die Pflanze eine Höhe von etwa 20 cm erreicht, sollte sie umgetopft werden. Dies geschieht am besten im Sommer, und zwar verwendest du einen Blumentopf von 10 cm Durchmesser, der mit Blumentopferde und Dünger zur Wachstumsförderung gefüllt ist. Nach zwei Jahren kann das Bäumchen in einen großen Blumentopf oder in einen Kübel umgepflanzt werden. (Dünger nicht vergessen!) Im Winter an einen hellen, kühlen Platz stellen, aber auf keinen Fall dem Frost aussetzen.

Färben mit Pflanzen ★★

Du brauchst:
einen Fetzen weißen Baumwollstoff
weißen Wollstoff (von alten Kleidungsstücken, weiße Wollfäden eignen sich ebenfalls)
andere Stoffreste
Zwiebeln
einen rostfreien Stahltopf
einen zweiten Topf
ein Sieb
einen Holzlöffel
Murmeln
Bindfaden
Herdplatte
Gummihandschuhe

Was geschieht?
Hierbei handelt es sich um ein Experiment mit Pflanzenfarben an alten Kleidungsstücken. Alles in allem dauert das Vorbereiten und Färben der Stoffe etwa vierzig Minuten. Trage beim Färben nach Möglichkeit Gummihandschuhe.

Entferne von etwa zwanzig Zwiebeln die äußeren, braunen Schalen. Lege sie in den rostfreien Stahltopf und fülle ihn mit Wasser. Stelle den Topf auf die Herdplatte und laß die Zwiebeln etwa zwanzig Minuten kochen. Während des Kochvorgangs wird der in den Zwiebelschalen enthaltene Farbstoff aufgelöst bzw. entzogen. Du erhältst einen Farbsud. Schalte den Herd aus und laß den Topfinhalt abkühlen. Schütte den Topfinhalt durch ein Sieb in den zweiten Topf, um die Flüssigkeit und die Schalen voneinander zu trennen. Entferne alle noch im ersten Topf befindlichen Zwiebel-

schalen und fülle den Farbsud erneut auf. Lege nun die Stoffstücke in den Farbsud und laß sie etwa fünfzehn Minuten bei niedriger Hitze kochen, wobei du das Ganze hin und wieder mit dem Holzlöffel umrührst.
Nimm dann den Stoff aus dem Topf und spüle ihn unter kaltem Wasser gut aus. Der Stoff hat die Farbe des Farbsudes angenommen. Andere Farben lassen sich nach demselben Prinzip aus folgenden Pflanzen herstellen: Rote Beete, Brombeeren, rote Beeren, Blumen, Blätter, Gras. Experimentiere einmal mit anderen Pflanzen, iß jedoch nicht davon, wenn du dir nicht absolut sicher bist, daß sie ungiftig sind. Sind deine Versuche gelungen, kannst du dich daranmachen, eigene Kleidungsstücke zu färben.
Eine besondere Art des Färbens ist das Färben mit Hilfe einer Schnur. Probiere es zunächst an einem alten T-Shirt oder Unterhemd aus. Mache in einen Hemdzipfel einen Knoten (Abb. 1). Wickle Murmeln in das Hemd und binde sie mit Bindfaden ab (Abb. 2). Weiche das Hemd in kaltem Wasser ein, lege es dann in einen hellen Farbsud und koche es bei niedriger Hitze etwa fünfzehn Minuten. Nimm das Hemd heraus, löse die

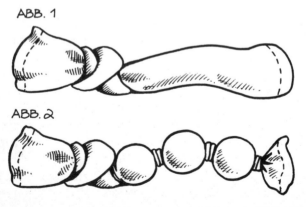

ABB. 1

ABB. 2

Bindfäden und entferne die Murmeln. Du wirst feststellen, daß das Hemd bis auf die Stellen, wo es abgebunden war, gefärbt wurde. Spüle das Hemd in kaltem Wasser aus, lege die Murmeln an die nicht gefärbten Stellen und binde das Hemd an den bereits gefärbten Stellen ab. Der zweite Färbevorgang erfolgt in einem dunkleren Farbsud. Du erhältst ein wunderschön gesprenkeltes Muster.

Färben ist ein experimenteller Vorgang. Es läßt sich nie genau vorhersagen, welche Farbe der Stoff tatsächlich haben wird – doch das macht die Sache um so spannender. Die meisten pflanzlichen Farben sind waschecht, sofern man Woll- oder Baumwollstoffe verwendet, man kann jedoch völlige Farbechtheit mit Hilfe chemischer Mittel erreichen. Dieses chemische Mittel wird als Fixiermittel bezeichnet. Ein Fixiermittel hinterläßt auf der Stoffoberfläche eine feste Schicht und bildet mit den Farbmolekülen eine widerstandsfähige Verbindung. Eine Färbung, die beim Waschen nicht an Farbe verliert, wird als „waschecht" bezeichnet. Die meisten Pflanzenfarben sind bei Verwendung von Naturstoffen (Baumwolle, Wolle) waschecht, nicht jedoch bei synthetischen Stoffen wie Polyester.

Die Papierfabrik ★★

Du brauchst:
eine ausreichend große Arbeitsfläche
acht Seiten Zeitungspapier
Geschirrspülmittel
einen großen Topf
eine Plastikschüssel
eine Herdplatte
einen Eimer
ungefähr ein Dutzend saubere, saugfähige Tücher
einen elektrischen Mixer
ein quadratisches Stück kleinmaschigen Draht
(ca. 20 cm × 20 cm)
einen Musselinbeutel oder ein Sieb
einen großen, schweren Gegenstand, beispielsweise ein Wörterbuch
Gummihandschuhe
einen Holzlöffel

Was geschieht?
Rette den Baumbestand und stelle aus Papier Papier her! Der ganze Vorgang erstreckt sich über einige Tage.

Bereits die alten Ägypter beherrschten die Kunst der Papierherstellung. Die Grundlage ihres Papiers lieferten Fasern von Halmen des Papyrus, der an den Ufern des Nil wächst. Die Fasern wurden schichtweise nebeneinandergelegt, jede Schicht im rechten Winkel zur vorherigen, so daß sie ein Muster wie eine Art Maschendraht bildeten. Anschließend wurden sie befeuchtet und gepreßt, wobei der Pflanzensaft ähnlich wie Klebstoff wirkte, so daß die einzelnen Schichten aneinanderklebten. So wurde Papier bzw. Pergament hergestellt, und das Wort „Papier" leitet sich von dem Wort Papyrus her. Die Chinesen stellten bereits etwa tausend Jahre zuvor Papier in großen Mengen her, und seit der Erfindung des Drucks ist die Papierherstellung zu einer bedeutenden Industrie geworden. Heute wird Papier vorwiegend aus Zellstoffen von Bäumen hergestellt.

Darüber hinaus wird heutzutage häufig auch Altpapier wiederverwertet, um den Baumbestand zu schonen. Der Vorgang der Herstellung ähnelt hierbei der Papierherstellung aus Holz. Das Papier wird eingestampft, die Zellstoffasern werden getrennt, neu geformt und gepreßt.

Du kannst eine eigene Altpapier-Wiederverwertungsanlage betreiben. Dazu benötigst du eine ausreichend große Arbeitsfläche und genügend Material. Zerreiße das Papier in lange, schmale Streifen von etwa 2 cm Breite. Lege die Streifen in den Eimer und fülle ihn mit warmem Wasser. Laß das Ganze über Nacht einweichen. Gieße dann alles überflüssige Wasser ab, gib die nasse Papiermasse in den Topf und füge so viel Wasser hinzu, daß die Masse eben bedeckt ist. Gib einen kleinen Löffel voll Geschirrspülmittel hinzu, das als Entfärber dient. Nun wird das Ganze einige Stunden lang auf niedriger Flamme gekocht, bis sich die Fasern trennen.

Laß die Masse abkühlen. Bitte jemanden, dir behilflich zu sein, wenn du den Musselinbeutel bzw. das Sieb über das Waschbecken hältst. Gib frisches Wasser hinein, um das Papier zu reinigen und von der Druckerschwärze zu befreien. Ziehe nun die Gummihandschuhe an. Nimm eine Handvoll Papierbrei, fülle ihn in den Mixer und gib so viel Wasser hinzu, daß dieser bis zu dreiviertel voll ist. Schalte das Gerät jeweils einige Sekunden ein, bis das Papier insgesamt etwa eine Minute „püriert" wurde.

Die Masse ergibt einen weißen Brei, der nicht mehr als Zeitungspapier erkennbar ist. Derselbe Vorgang wird mit dem ganzen Papiervorrat wiederholt.
Gib den Brei in die Plastikschüssel. Ziehe den Stecker des Mixers heraus und reinige das Gerät gründlich.
Fülle die Plastikschüssel bis zur Hälfte mit Wasser und verrühre Wasser und Papierbrei miteinander.
Breite auf einer ebenen Unterlage ein Stück saugfähigen Stoff aus. Rühre die Masse mit dem Drahtgitter auf und halte diesen unter die Wasseroberfläche, bis sich eine Breischicht auf dem Draht bildet (Abb. 1). Hebe das Drahtgitter vorsichtig heraus, es ist mit einer feinen, gleichmäßigen Breischicht bedeckt. Halte nun das Drahtgitter schräg über den Stoff und kippe das Ganze mit einer schnellen Bewegung auf den saugfähigen Stoff (Abb. 2).

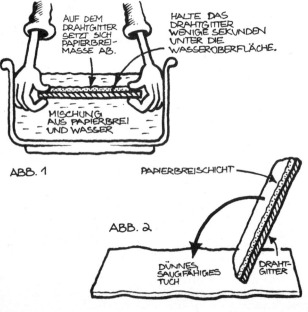

Drücke das Drahtgitter fest darauf und nimm es dann behutsam wieder hoch, so daß sich der Papierbrei in einer dünnen Schicht, die keinerlei Risse aufweisen darf, auf dem Stoff befindet. Bedecke die Schicht mit einem weiteren saugfähigen Tuch – so daß du eine Art Stoff-Brei-Sandwich erhältst. Hast du sämtliche Stoffstücke und den Papierbrei aufgebraucht, wird das „Supersandwich" mit einem schweren Gegenstand einen Tag lang beschwert. Herrscht am folgenden Tag sonniges Wetter, entfernst du diesen Gegenstand und legst jedes einzelne Stoffstück samt seiner dünnen Papierbeschichtung zum Trocknen nach draußen. Nimm das noch feuchte Papier von den Tüchern und lege es auf Zeitungspapier oder trockene Stoffstücke. Kannst du es nicht an der Sonne trocknen lassen, breite es im Haus auf Zeitungspapier auf dem Boden aus. Aufgrund der Verdunstung des Wassers wird das Papier hart und trocken.

Du hast nun einen selbstgemachten Briefblock. Du kannst das Papier aber auch dazu verwenden, deinen Freunden einmalige und originelle Geburtstagskarten zu senden.

Das Kaleidoskop ★

Du brauchst:
drei kleine, rechteckige Spiegel, ca. 15 cm × 3 cm groß
drei Stücke Pappe (ein wenig größer als die Spiegel)
Buntpapier
Klebeband
Gummibänder
eine Schere
Haushaltsfolie

Was geschieht?
In deinem Kaleidoskop kannst du faszinierende Figuren entdecken. Für die Anfertigung benötigst du etwa zehn Minuten.

Das Kaleidoskop wurde im frühen neunzehnten Jahrhundert erfunden und diente bis vor kurzem nahezu ausschließlich als Spielzeug. Doch in jüngerer Zeit verwenden es auch Designer, um sich davon zu neuen Entwürfen anregen zu lassen. Kleine Spiegel sind beim Glaser oder in Glas- und Rahmengeschäften erhältlich. Klebe die Spiegel mit Klebeband auf Papprechtecke und füge sie zu einem Dreieck zusammen, wobei sich die Spiegel auf der Innenseite befinden müssen. Spanne um dieses Gebilde einige Gummibänder (Abb. 1).

Klebe über ein Ende der dreieckigen Röhre Haushaltsfolie. Schneide aus dem Buntpapier eine Reihe verschiedenförmiger kleiner Schnipsel aus und laß sie durch das offene Ende in die Röhre fallen. Klebe nun über das offene Ende ebenfalls Haushaltsfolie.

Richte nun das Kaleidoskop so gegen das Licht, daß sich die Schnipsel an dem dem Auge entgegengesetzten Ende befinden, und schaue hindurch. Du wirst die verschiedenartigsten Muster entdecken. Bewegst du das

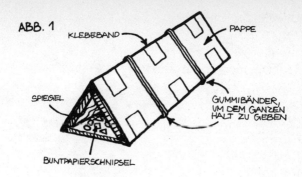

ABB. 1 — KLEBEBAND, PAPPE, SPIEGEL, GUMMIBÄNDER, UM DEM GANZEN HALT ZU GEBEN, BUNTPAPIERSCHNIPSEL

Kaleidoskop, veränderst du die Lage der Buntpapierschnipsel, und es entstehen neue, farbenprächtige Figuren.
Diese glitzernde Farbanordnung wird durch die vielfache Spiegelung bewirkt. Das Buntpapier spiegelt sich in allen Spiegeln. Da die Spiegel im Winkel zueinander angeordnet sind, sieht man die Buntpapierschnipsel, ihre Abbilder und die Spiegelungen dieser Spiegelbilder, alle symmetrisch in einem Kreis.

Der fliegende Bischof ★

Du brauchst:
ein quadratisches Blatt Papier
eine Schere
einen Bleistift
ein Lineal
Klebeband

Was geschieht?
In wenigen Minuten fertigst du einen Papierhut an, der erstaunlich weit fliegen kann.

Ziehe mit dem Bleistift eine diagonale Linie über das Papier und schneide das Papier entlang dieser Linie durch, so daß du zwei Dreiecke erhältst (Abb. 1). Falze das Papier entlang der Längsseite des einen Dreiecks zweimal in etwa 1 cm Abstand voneinander, so daß das Ganze einem Segelboot ähnelt (Abb. 2). Biege die Enden zu einem Ring, stecke ein Ende in den Falz des anderen Endes und befestige es mit Klebeband. Du erhältst eine Art Bischofsmütze (Abb. 3).
Diese Bischofsmütze ist ein hervorragender Gleiter. Stelle dich in eine Zimmerecke, in der möglichst keine Zugluft herrschen sollte. Halte die Mütze so an der

Spitze, daß diese tiefer als der Ringteil liegt, der nach vorn zeigt. Läßt du nun die Mütze los, gleitet sie bis in die gegenüberliegende Zimmerecke.

Der zweite Falz vorn an der Mütze verleiht ihr das nötige Gewicht für ihren Gleitflug. Sobald du die Mütze losläßt, fließt Luft entgegen der Flugrichtung hindurch. Da die Mütze eine runde Form hat, fließt Luft gleichmäßig hindurch, so daß nur wenig Luftwiderstand den Flug beeinträchtigt.

Ihr könntet einen Segelflugwettbewerb organisieren, wobei ihr verschieden große Papierblätter verwendet, um zu testen, welche Mützengröße am weitesten fliegt.

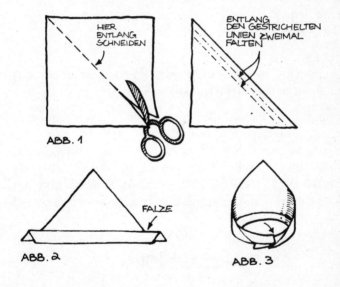

Der rollende Bumerang   ★

Du brauchst:
eine Blechdose mit Plastikdeckel (z.B. eine Kaffeedose)
zwei Gummibänder
eine Büroklammer
eine dünne Schnur oder einen Faden
einen kleinen schweren Gegenstand, z.B. eine kleine Batterie von höchstens 4 cm Länge oder ein kleines Vorhängeschloß
einen kleinen Nagel
einen Hammer
einige abgebrannte Streichhölzer
eine Schere
eine feste, ebene Arbeitsfläche

Was geschieht?
In etwa zwanzig Minuten stellst du ein Gefährt her, das nicht an seinen Zielort gelangt.

Nimm den Plastikdeckel von der Dose, lege ihn auf eine ebene Unterlage und bohre in der Mitte in etwa 1 cm Abstand zwei Löcher hinein. Am besten läßt sich das mit einer Schere bewerkstelligen, doch dabei ist HÖCHSTE VORSICHT geboten! Schiebe nun ein Ende eines Gummibands durch eins der Löcher und

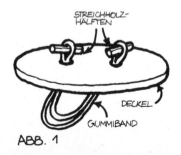

ABB. 1

„verankere" es mit einem Streichholzstückchen auf der Oberseite des Deckels. Gehe genauso bei dem anderen Ende des Gummibands vor, so daß das Gummiband ein U bildet (Abb. 1). Stelle die Blechdose mit dem Boden nach oben auf die Unterlage. Bohre mit Hammer und Nagel zwei Löcher in etwa 1 cm Abstand in die Mitte, wobei du ebenfalls SEHR VORSICHTIG vorgehen solltest. Befestige ein Gummiband in der gleichen Weise wie beim Deckel. Besser wäre, bei diesen Arbeitsschritten einen Erwachsenen um Hilfe zu bitten!

Binde eine Schnur um den kleinen schweren Gegenstand, an der Schnur befestigst du eine Büroklammer (Abb. 2). Schiebe die Gummibänder durch jeweils ein Ende der Büroklammer (Abb. 3). Verschließe die Dose wieder fest und rolle sie über eine ebene Unterlage. Nach einer gewissen Strecke wird die Dose anhalten und wieder zu dir zurückrollen.

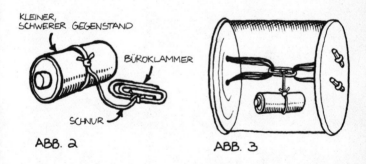

ABB. 2   ABB. 3

Dies liegt daran, daß die Gummiringe sogenannte Energieumwandler darstellen. Rollt die Dose vorwärts, dreht sich die Büroklammer aufgrund des an ihr befestigten Gewichts nicht mit. Die Büroklammer bildet einen Fixpunkt, um den die Gummiringe beim Vorwärtsrollen der Dose gedreht werden. Werden sie gedreht, entwickeln sie Bewegungs- bzw. kinetische Energie. Die Gummibänder werden aufgewickelt und wickeln sich dann wieder ab. Dabei wird die kinetische Energie zu Speicherenergie bzw. potentieller Energie umgewandelt. Wickeln sich die Gummiringe ab, bewegt sich die Dose zurück, so daß die potentielle Energie in Form von kinetischer Energie frei wird.

Rolle das seltsame Gefährt auf jemanden zu – alle Beteiligten werden ihren Spaß an diesem rollenden Bumerang haben.

Der Tiefseetaucher ★

Du brauchst:
eine hohe, leere Plastikflasche mit Drehverschluß
eine kleine Pipette

Was geschieht?
Deine Pipette verwandelt sich in kürzester Zeit in einen Tiefseetaucher.

Fülle die Flasche vorsichtig randvoll mit Wasser, so daß sich möglichst keine Luftblasen bilden. Laß dann die Pipette in die Flasche gleiten und schraube den Verschluß gut zu (Abb. 1). Drücke zunächst leicht gegen die Flasche und verstärke dann den Druck. Durch Drücken der Flasche sinkt die Pipette zu Boden, verringerst du den Druck, bewegt sie sich nach oben.

Läßt du die Pipette ins Wasser gleiten und schraubst den Verschluß zu, wird eine Luftblase eingefangen. Drückt man nun auf die Flasche, dringt Wasser in die Pipette und komprimiert die Luftblase. Es befindet sich mehr

Wasser in der Pipette, sie ist schwerer und sinkt zu Boden. Läßt man die Flasche los, entweicht das Wasser wieder aus dem Tiefseetaucher, die Luftblase dehnt sich aus und bewirkt, daß sich die Pipette nach oben bewegt. Man kann den Taucher steuern, indem man den Druck auf die Flasche verändert.

Hast du keine Pipette zur Hand, kannst du statt dessen auch einen Kugelschreiberverschluß aus Plastik verwenden. Sinkt er nicht zu Boden, wenn du gegen die Flasche drückst, hängst du zur Beschwerung eine Büroklammer daran (Abb. 2). Biege sie auseinander und halte ein Ende in eine Flamme, bis es glüht. Halte das glühende Ende an den dünnen Teil des Kugelschreiberverschlusses, so daß ein Loch entsteht. Führe die Büroklammer hindurch und biege sie dann wieder in ihre alte Form. Falls erforderlich, befestigst du eine weitere Büroklammer an der ersten.

Wie hoch ist der Baum? ★

Du brauchst:
ein großes Stück Pappe
eine Schere
einen Trinkhalm
ein Zeichendreieck oder Winkelmesser
Klebeband
Knetmasse
eine dünne Schnur
ein Maßband

Was geschieht?
Du brauchst nicht in den Baumwipfel zu klettern, um die Höhe des Baumes zu messen. In wenigen Minuten stellst du dir zu diesem Zweck ein sogenanntes Klinometer her.

Schneide aus der Pappe ein Dreieck mit den in Abb. 1 angegebenen Seitenlängen zu. Verwende ein Zeichendreieck oder einen Winkelmesser, um exakt einen rechten Winkel zu erhalten.
Befestige ein etwa 10 cm langes Stück eines Trinkhalms entlang der Seite A (Abb. 2).
Schneide ein 30 cm langes Stück Schnur zu und klebe es mit Klebeband im Winkel der Seiten A und C fest. Klebe

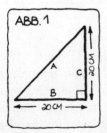
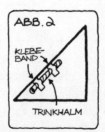
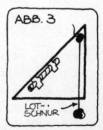

an das andere Ende ein kleines Kügelchen Knetmasse, so daß es wie ein Pendel frei schwingt (Abb. 3). Diese Schnur wird als Senk- oder Lotschnur bezeichnet und die Vorrichtung als Klinometer oder Neigungsmesser. Um die Höhe eines Baumes zu messen, nimmst du das Klinometer und stellst dich in die Nähe des Baumes. Peile durch den Trinkhalm die Baumspitze an. Die Lotschnur hängt gerade herunter, und du wirst feststellen, daß Seite C des Dreiecks und Lotschnur sich nicht parallel zueinander befinden – es sei denn, du hättest gleich beim ersten Versuch großes Glück gehabt (Abb. 4). Mach einen Standort aus, so daß, peilst du durch den Trinkhalm den Baumwipfel an, Seite C des Dreiecks und die Lotschnur eine Parallele zueinander bilden (Abb. 5). Miß die Entfernung zum Baum mit einem Maßband oder Zollstock. Addiere deine Körpergröße zu diese Zahl, und du erhältst die Höhe des Baumes.

Um die Funktionsweise des Klinometers zu verstehen, sind einige Kenntnisse der Geometrie vonnöten. Bei dem Dreieck, das du ausgeschnitten hast, handelt es sich um ein gleichschenkliges Dreieck – zwei der Seiten bzw. Schenkel sind gleich lang. Peilst du nun die Baumspitze an, und Lotschnur und Seite C verlaufen parallel zueinander, bildest du zwischen deinem Standort und dem Baum ein großes gleichschenkliges Dreieck, wobei die Seite XY gleich lang ist wie Seite YZ (Abb. 6). Indem du die Länge XY mißt, erhältst du die Höhe YZ. Zählst du nun zur Länge YZ noch deine Körpergröße hinzu, erhältst du die Gesamthöhe des Baumes.

Auf dieselbe Weise kannst du auch die Höhe von Häusern oder Brücken abmessen.

Der Düsenballon ★

Du brauchst:
ein Knäuel dünne Schnur
ein paar Luftballons
einen Trinkhalm
eine Schere
Klebeband

Was geschieht?
Der Luftballon saust an einer Schnur entlang. Zu seiner Herstellung benötigst du ungefähr zehn Minuten.

Rolle die Schnur ein gutes Stück ab. Spanne sie von einer Ecke quer durchs Zimmer zur anderen. Bitte jemanden, ein Schnurende zu halten, du kannst es jedoch auch an ein Stuhl- oder Tischbein binden und das andere Ende selbst halten. Schneide ein etwa 5 cm langes Stück von dem Trinkhalm ab und fädle die Schnur hindurch. Blase einen Luftballon auf und klebe das Trinkhalmstück am Ballon fest, wobei du die Luftballonöffnung zuhältst, damit keine Luft entweicht (Abb. 1).

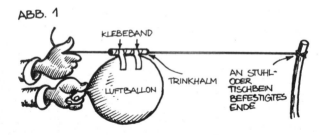

Dies erfordert eine ganze Portion Geschicklichkeit, bitte also am besten jemandem um Hilfe. Halte die Schnur straff gespannt und in einer geraden Linie. Laß den Luftballon los und wusch! – schon befindet er sich am anderen Ende der Schnur! Du kannst Tests mit einer längeren Schnur anstellen und ausfindig machen, wie weit der aufgepustete Ballon dahinzischt.

Isaac Newton fand heraus, daß Kräfte paarweise wirken und immer gleich stark sind, jedoch in einander entgegengesetzter Richtung wirken. Stehst du beispielsweise auf dem Boden, übt dieser eine gleich starke, dir entgegengesetzte Kraft aus, indem er nach oben gegen deine Füße drückt. So seltsam es auch klingen mag, doch würde die Erde keine dir entgegenwirkende Kraft ausüben, würdest du geradewegs durch den Boden schießen. Beim Start einer Rakete werden durch den verbrennenden Treibstoff Gase nach unten herausgedrückt, und die Rakete bewegt sich mit derselben Kraft nach oben. Bei einem Düsenmotor werden die Gase nach hinten herausgedrückt, und das Düsenflugzeug bewegt sich nach vorn. Genauso verhält es sich mit deinem Düsenballon. Die im Luftballon befindliche Luft entweicht durch die Öffnung und treibt den Ballon entlang der Schnur.

Der Eier-Härtetest ★★

Du brauchst:
ein rohes Ei
ein hartgekochtes Ei
eine ebene Arbeitsfläche

Was geschieht?
Schluß mit weichen Eiern auf belegten Broten!

Koche ein Ei auf kleiner Flamme etwa 10 Minuten lang, um ganz sicherzugehen, daß es nicht mehr weich ist. Laß es abkühlen und lege es zusammen mit dem rohen Ei auf eine ebene Arbeitsfläche. Lege das Ei auf eine „Seite" und drehe es wie einen Kreisel. Berühre es kurz mit dem Finger in der Mitte – und die Drehbewegung des Eies wird sofort unterbrochen. Wiederhole diesen Vorgang mit dem rohen Ei. Doch was geschieht? Richtig – das rohe Ei bewegt sich weiter. Das gekochte Ei besteht zum größten Teil aus einer festen Masse, das rohe Ei hingegen ist eher flüssig. Sobald du das rohe Ei mit dem Finger berührst, hört die Drehbewegung auf, doch die im Ei befindliche Flüssigkeit schwappt weiter hin und her. Nimmst du den Finger weg, versetzt die sich bewegende Flüssigkeit die Schale in Drehbewegung. Bist du dir also einmal nicht sicher, ob du ein hartes oder weiches Ei vor dir hast, mach diesen kleinen Test!

Die preiswerte Brille ★

Du brauchst:
eine kurzsichtige Person
ein Stück Pappe
eine Nadel

Was geschieht?
Ein kleines Nadelloch dient einer kurzsichtigen Person als Brille. Du brauchst nur wenige Minuten, und die Brille ist fertig.

Bohre mit der Nadelspitze ein kleines Loch in ein Stück Pappe. Wähle einen kaum mehr erkennbaren Gegenstand auf der gegenüberliegenden Zimmer- oder Straßenseite, beispielsweise eine Hausnummer, den Titel eines Buches oder eine Überschrift in einer Zeitung. Schau nun durch das Loch in der Pappe auf diesen Gegenstand. Du kannst den Gegenstand deutlich erkennen.
Mit Hilfe des Lochs in der Pappe wird eine größere Sehschärfe erzielt, da das Auge den Gegenstand nun ähnlich erfaßt, wie es bei einer Lochkamera der Fall ist. Jeder einzelne Punkt des betrachteten Gegenstandes wird auf der Netzhaut als Punkt abgebildet (Abb. 1). Han-

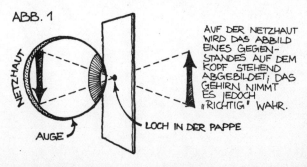

delt es sich um ein größeres Loch oder ist überhaupt kein Loch vorhanden, werden sehr viele Punkte des Gegenstandes auf der Netzhaut abgebildet, und das Bild wirkt verschwommen. Dasselbe Prinzip liegt der Lochkamera zugrunde, die bis ins 19. Jahrhundert vor allem in der Malerei bei der Komposition von Landschaften als Hilfsmittel diente.

Zuckersüße Wissenschaft ★★

Du brauchst:
einen Eßlöffel
eine Tasse
weißen Zucker
eine Pfanne
einen Holzlöffel
eine Herdplatte
Gummihandschuhe

Was geschieht?
Die im Zucker enthaltenen Verbindungen werden gelöst, und in nur zehn Minuten erhältst du leckeres Karamel.

Hierbei handelt es sich um ein ziemlich kniffliges Experiment, bei dem dir nach Möglichkeit ein Erwachsener behilflich sein sollte. Gib drei Eßlöffel Zucker in eine Pfanne und erhitze das Ganze langsam, wobei der Zucker mit einem Holzlöffel ständig umgerührt wird. Der Zucker beginnt zu schmelzen und nimmt eine hellbraune Farbe an. Hat sich der gesamte Zucker verfärbt und ist karamelisiert, wird die Herdplatte ausgeschaltet.

Der nächste Arbeitsschritt muß mit ÄUSSERSTER VORSICHT ausgeführt werden. Du solltest dabei auf jeden Fall Gummihandschuhe tragen. Gib nach und nach unter ständigem Rühren, damit die beiden Zutaten gut miteinander vermischt werden, eine halbe Tasse Wasser zu der heißen, dunklen Karamelmasse. Halte einen ausreichenden Sicherheitsabstand! Sobald du nämlich das Wasser hinzufügst, kann es spritzen.

Dann wird das Ganze wieder etwa fünf Minuten lang unter ständigem Rühren erhitzt, bis du möglichst viel

karamelisierten Zucker erhältst. Gieße die Karamelmasse vorsichtig in eine Tasse oder eine Schüssel. Der Karamelsirup schmeckt hervorragend zu Pfannkuchen oder Waffeln, man kann ihn auch so essen – doch denk an deine Zähne!
Zucker setzt sich aus drei verschiedenen Stoffen zusammen – Kohlenstoff, Wasserstoff und Sauerstoff –, die eine chemische Verbindung eingehen. Die Hitze löst einen Großteil dieser Verbindungen, wobei sich Wasserstoff- und Sauerstoffatome abspalten und zu Wasser verbinden. Die chemische Formel für Wasser ist H_2O, das heißt, zwei Wasserstoffatome sind mit einem Sauerstoffatom verbunden. Zurück bleibt der dunkel gefärbte Kohlenstoff. Färbt sich der Zucker braun, ist er bereits in fast alle Einzelbestandteile zerlegt, er schmilzt und wird flüssig. Da nicht sämtliche Verbindungen gelöst werden, behält die flüssige Karamelmasse ihren süßlichen Geschmack.
Und nun – viel Spaß bei diesem „süßen" Experiment!

Der indische Seiltrick ★

Du brauchst:
eine Schnur
einen Magneten
eine Streichholzschachtel
eine Büroklammer
ein Buch oder einen anderen schweren Gegenstand
Klebeband

Was geschieht?
Die Schnur richtet sich von allein auf – mit ein wenig Unterstützung mittels eines Magneten. Für die Vorbereitung benötigst du etwa fünf bis zehn Minuten.

Schlangenbeschwörer können eine Schlange dazu bewegen, sich aufzurichten. In diesem Experiment bewirkt ein Magnet, daß sich eine Schnur senkrecht in die Höhe bewegt. Binde die Schnur um das Buch oder einen anderen schweren Gegenstand und befestige eine Büroklammer an dem freien Ende der Schnur. Halte den Magneten dicht an die Büroklammer, so daß diese vom Magneten angezogen wird. Hebe nun Magnet samt Büroklammer in die Höhe, bis die Schnur straff gespannt ist. Bewege den Magneten dann ein wenig weiter von der Büroklammer weg so daß es den Anschein hat, als schwebe sie in der Luft (Abb. 1). Entfernst du den Magneten zu weit von der Büroklammer, fällt sie herunter. Exakt an diesem „Schwebepunkt" befindet sich die Büroklammer im Spannungsfeld zwischen der Magnetkraft, der Spannung in der Schnur und der Schwerkraft. Legst du den Magneten in eine Streichholzschachtel und wiederholst den ganzen Vorgang, wirst du feststellen, daß die Magnetkraft auch durch die Streichholzschachtel hindurch wirksam bleibt.

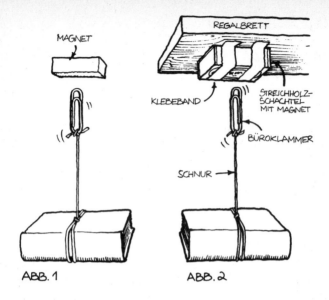

ABB. 1 ABB. 2

Zur allgemeinen Verwirrung deiner Gäste kannst du die magnetische Streichholzschachtel auch mit Klebeband an der Unterseite eines Regalbretts befestigen und Schnur und Büroklammer so in ein darunter befindliches Fach legen, daß die Schnur ohne auf Anhieb ersichtliche Hilfsmittel senkrecht in die Höhe ragt (Abb. 2). Deine Gäste werden von dem Experiment begeistert sein!

Das Luftkissenglas ★★

Du brauchst:
ein Wasserglas
einen Wasserkessel
eine Schüssel mit kaltem Wasser
eine ebene Arbeitsfläche, z. B. einen kunststoffbeschichteten Tisch

Was geschieht?
Ein Glas gleitet wie ein Luftkissenboot über den Tisch. Du brauchst für dieses Experiment nur wenige Minuten.

Erhitze das Wasser im Kessel. Sobald es kocht, hältst du das Glas in etwa 5 cm Entfernung über den Dampf, so daß sich der Dampf im Glas ausbreitet und es erwärmt. Bitte einen Erwachsenen, dir behilflich zu sein. Tauche das Glas kurz in kaltes Wasser, gieße das Wasser aus und stelle es mit der Öffnung nach unten auf die glatte Unterlage (Abb. 1). Das Glas gleitet von allein über die Fläche, du brauchst es höchstens am Anfang leicht anzustoßen.

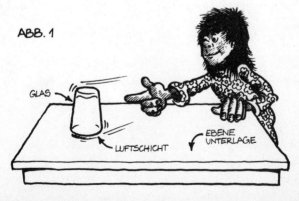

Taucht man das Glas in kaltes Wasser, kühlt die sich darin befindliche Luft ab und zieht sich zusammen, das Glas selbst jedoch gibt die Wärme weniger schnell wieder ab. Stellt man nun das noch erwärmte Glas auf eine ebene Unterlage, breitet sich die Wärme des Glases auf die darin eingefangene Luft aus. Durch Erhitzung dehnt sich Luft rasch aus, und sie treibt das Glas in die Höhe. Es schwebt wie ein Luftkissenboot auf einer Luftschicht, und ein leichter Stoß läßt es über den Tisch dahingleiten.

Achtung! Klapperschlangeneier! ★

Du brauchst:
ein Stück dünne Pappe
zwei Gummiringe
eine Schere
einen Briefumschlag
ein Lineal

Was geschieht?
Deine Freunde werden vor Schreck einen Satz in die Höhe machen, wenn sie den Briefumschlag öffnen. Um die Klapperschlangeneier anzufertigen, benötigst du etwa fünf Minuten.

Miß die Seiten des Umschlags und schneide ein Stück Pappe zu, das genau in den Umschlag paßt. Schneide ein kleines Rechteck in der Mitte des Papprechtecks aus und schneide davon ringsherum einen schmalen Strei-

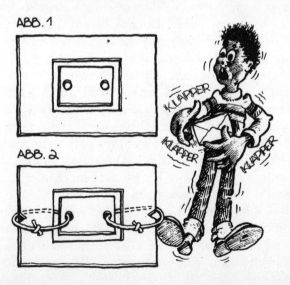

fen ab. Legst du das kleine Rechteck nun wieder in die entstandene Lücke, befindet sich zwischen den beiden Pappteilen ein kleiner Zwischenraum. Bohre zwei kleine Löcher in das kleine Rechteck (Abb. 1). Befestige die zwei Gummibänder, wie es in Abb. 2 gezeigt ist. Drehe das kleine Quadrat und laß es dann los. Es wird sich schnell drehen.

Auf den Umschlag könntest du etwa folgendes schreiben: NUR MIT ÄUSSERSTER VORSICHT ZU ÖFFNEN! ENTHÄLT KLAPPERSCHLANGENEIER! Um diesen Trick noch wirkungsvoller zu gestalten, könntest du ein Bild mit Klapperschlangeneiern auf die Umschlagvorderseite malen und als Absender den Namen einer erfundenen Lieferfirma vermerken.

Drehe das kleine Quadrat erneut und stecke es in den Briefumschlag. Verschließe den Umschlag sorgfältig, damit sich das Pappquadrat nicht abspult. Lege den Umschlag auf den Tisch und frage beiläufig jemanden, ob er sich nicht einmal Klapperschlangeneier ansehen wolle. Ich wette, daß niemand dieser Aufforderung wird widerstehen können. Bitte nun eine Person, den Umschlag sehr vorsichtig aufzumachen, da die Klapperschlangen sonst ausschlüpfen könnten, wenn man sie zu sehr schüttelt. Sobald jemand den Umschlag öffnet, beginnt es darin höllisch zu klappern, und er wird vor Schreck das Weite suchen. Dieses Geräusch verursacht die Pappkarte, die sich beim Öffnen abspult und gegen das Umschlagpapier schlägt. Du kannst deinen Zuschauern zeigen, wie der Trick funktioniert, oder du behältst das Rätsels Lösung weiterhin für dich.

Der Trick funktioniert, weil eine Art von Energie eine andere Form annehmen kann. Beispielsweise Gummi oder Metallfedern speichern Energie, wenn man sie aufwickelt oder zusammenpreßt. Die gespeicherte

Energie wird als potentielle Energie bezeichnet. Läßt man nun das Gummiband oder die Feder los, vermögen sie andere Gegenstände in Bewegung zu setzen, wie etwa die Zeiger einer mechanischen Uhr. Die potentielle Energie wird umgewandelt in Bewegungsenergie oder, im wissenschaftlichen Sprachgebrauch, kinetische Energie. Wenn sich das Gummiband der Klapperschlangeneier abwickelt, wird seine potentielle Energie in kinetische Energie umgewandelt und in Schallenergie, sobald das Pappstück gegen den Umschlag schlägt. Und dieses Klappergeräusch versetzt deine Zuschauer in Schrecken.

Das Seifenboot ★

Du brauchst:
ein Stück Pappe
eine Schere
Geschirrspülmittel

Was geschieht?
Angetrieben von einem Tropfen Geschirrspülmittel, saust dein Boot übers Wasser. Die Anfertigung des Bootes und die Ausführung des Experiments erfordert einige Minuten.

Schneide aus Pappe eine Figur zu, wie sie in Abb. 1 zu sehen ist. Laß kaltes Wasser in die Badewanne oder eine große, saubere Schüssel einlaufen. Lege die Pappform vorsichtig auf die Wasseroberfläche, so daß sie schwimmt. Liegt das Boot ruhig im Wasser und befindet es sich an einem Ende der Badewanne oder Schüssel,

gibst du auf eine Fingerspitze einen Tropfen Geschirrspülmittel. Tauche den Finger an der mit X markierten Stelle ins Wasser – und das Boot saust übers Wasser.

Willst du das Experiment wiederholen, mußt du das Wasser ablassen, die Wanne von jeglichen Spülmittelresten säubern und ein neues Pappboot anfertigen.

Dieser Trick funktioniert, weil Spülmittel und Seife die Oberflächenspannung des Wassers herabsetzen. (Der Trick „Die triefende Parfümflasche" beruht ebenfalls auf der Oberflächenspannung von Wasser.) Wasser besteht aus einer Ansammlung winziger Teilchen, den sogenannten Molekülen. Diese Moleküle ziehen einander über geringe Entfernungen an, und aufgrund dieser Anziehungskraft, die mit Oberflächenspannung bezeichnet wird, bildet sich auf der Wasseroberfläche eine Art Haut. Daher können sich auch manche winzige Insektenarten auf der Wasseroberfläche voranbewegen, ohne unterzugehen. Die „Haut" des Wassers trägt sie. Geschirrspülmittel verringert die Oberflächenspannung, indem es die Anziehungskraft der an der Oberfläche befindlichen Wassermoleküle aufhebt. Die Oberflächenspannung vor dem Boot ist größer, weil dort die Haut nicht zerstört wurde, und diese stärkere Spannung zieht das Boot nach vorn.

Geschirrspülmittel macht das Wasser „naß". Um diesen Vorgang verfolgen zu können, gib einen Tropfen Wasser auf eine glatte, saubere Kunststoffoberfläche. Das Wasser behält seine Tropfenform bei und breitet sich nicht auf der Tischplatte aus. Füge nun ein winziges Tröpfchen Geschirrspülmittel hinzu, am besten mit einer Pipette oder einem dünnen Glasstab. Das Wasser breitet sich aus und macht die Tischplatte naß. Das Spülmittel schwächt die zwischen den Wassermolekülen aktiven Kräfte, und die Moleküle entfernen sich voneinander.

Die Klangnadel ★★

Du brauchst:
eine Nähnadel
ein großes Blatt Papier
Klebeband
einen Plattenspieler
eine alte Schallplatte

Was geschieht?
Eine Nähnadel erzeugt Klänge. Zur Herstellung des Geräts brauchst du etwa fünf Minuten.

Rolle das Papier diagonal zusammen, so daß du einen Kegel bzw. eine Art Megaphon erhältst (Abb. 1). Klebe das Papier mit Klebeband fest und befestige die Nadel an der Kegelspitze (Abb. 2). Lege die alte Platte auf den Plattenspieler auf, wobei du die Nähnadel statt der Plattenspielernadel verwendest. Halte dabei den Papierkegel oben fest und die Nadel vorsichtig über der Platte.

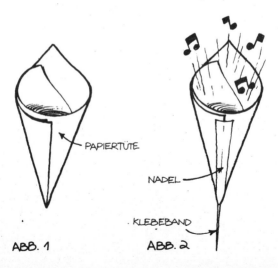

Die winzigen Rillen auf einer Schallplatte enthalten alle „Informationen". Kommt die Nadel mit der sich drehenden Platte in Berührung, gerät diese in Schwingung. Dabei wird auch die sie umgebende Luft in Schwingung versetzt, und es werden Schallwellen erzeugt. Die Rillen besitzen eine unterschiedliche Tiefe, also ändert sich auch laufend die Schwingung der Nadel und damit die Tonlage, während sich die Platte dreht. Die Luft in der Umgebung der Nadel vibriert, doch da die Nadel sehr klein ist, wird auch nur minimal Luft in Schwingung versetzt. Dies hat zur Folge, daß nur sehr schwache Klänge erzeugt werden. Da jedoch die vibrierende Luft im Kegel an dessen Innenwänden reflektiert wird, wird mehr Luft in Schwingung versetzt, und es werden mehr Schallwellen erzeugt.

Die flüssige Farbenschau ★★

Du brauchst:
ein hohes Glas (nach dem Experiment nicht mehr als Trinkglas verwenden!)
eine Tasse
einen Teelöffel
Papierhandtücher (Küchenrolle)
einen Filzstift
Salz, Wasser, Tinte und Brennspiritus (wenn möglich, lilafarben)
Olivenöl
Motoröl
Glyzerin
eine Schürze
Gummihandschuhe

Was geschieht?
In etwa zehn Minuten bereitest du eine prächtige Farbenschau vor. Bitte einen Erwachsenen, dir bei diesem Experiment behilflich zu sein.

Decke die Arbeitsfläche mit Papierhandtüchern ab und trage einen Kittel oder eine Schürze. Ziehe außerdem Gummihandschuhe an und achte darauf, daß du dich NICHT IN DER NÄHE EINER OFFENEN FLAMME aufhältst, da Flüssigkeiten wie Brennspiritus und Motoröl Feuer fangen können. Gib das Glyzerin in das Glas, bis dieses zu einem Sechstel gefüllt ist. (VORSICHT: Glyzerin ist sehr glitschig! Achte darauf, daß du nichts verschüttest und das Glas zerbrichst!) Da dies schwer zu schätzen ist, miß die Höhe des Glases, teile diese durch sechs und markiere die einzelnen Stellen mit dem Filzstift. Fülle dann Wasser in die Tasse und löse darin soviel Salz wie möglich auf. Füge einige Tropfen

Tinte hinzu, um die Salzlösung zu färben. Gieße diese farbige Salzlösung bis zur zweiten Sechstel-Markierung in das Glas, indem du sie langsam an der Innenseite des Glases herunterfließen läßt. Diesen Vorgang wiederholst du mit dem Motoröl, dem Brennspiritus und dem Olivenöl in der genannten Reihenfolge. Dabei darf das Glas nicht bewegt werden, da sich sonst die Flüssigkeiten miteinander vermischen.

Du wirst feststellen, daß die Flüssigkeiten aufeinander schwimmen und sich nicht vermischen. Da sie von unterschiedlicher Farbe sind, erzielt man eine faszinierende Wirkung. Diese beruht auf dem Prinzip, daß die Flüssigkeiten eine unterschiedliche Dichte besitzen.

Dichte ist eine physikalische Größe, die sich berechnen läßt, indem man das Gewicht einer Flüssigkeit durch sein Volumen teilt. Hat beispielsweise eine Flüssigkeit ein Gewicht von 20 Gramm und ein Volumen von 10 Kubikzentimeter, beträgt die Dichte dieser Flüssigkeit 2 Gramm pro Kubikzentimeter. Die Dichte sagt also etwas über das Gewicht einer Flüssigkeit aus. Flüssigkeiten mit geringerer Dichte schwimmen auf Flüssigkeiten mit höherer Dichte, vorausgesetzt, sie vermischen sich nicht miteinander. Nach der Durchführung dieses Experiments sollte es dir nicht weiter schwerfallen, in etwa die Dichte der verschiedenen Flüssigkeiten auszurechnen. Und was geschähe, wenn du dieselben Flüssigkeiten in einer anderen Reihenfolge in das Glas fülltest? Probiere es einmal aus, und du wirst es selbst feststellen. Im Toten Meer bleiben auch Nichtschwimmer über Wasser, da es sich um einen Salzsee handelt. Salzwasser hat eine höhere Dichte als Süßwasser und trägt einen daher besser. Man kann auf dem Wasser treiben, ohne sich groß anstrengen zu müssen. Bei Glyzerin würde man sich ebenfalls mühelos „über Wasser halten".

Mit spitzem Bleistift ★

Du brauchst:
einen gut gespitzten Bleistift
eine kleine, rohe Kartoffel
zwei Gabeln

Was geschieht?
Ein Bleistift steht mit Hilfe einer Kartoffel auf der Spitze. Dieses Experiment erfordert einige Geduld.

Bohre den gut gespitzten Bleistift in die kleine Kartoffel. Die Kartoffel sollte sich etwa in Höhe eines Viertels oberhalb der Bleistiftspitze befinden, den Idealpunkt findet man jedoch nur durch Ausprobieren heraus (Abb. 1). Stecke auf zwei gegenüberliegenden Seiten je eine Gabel in die Kartoffel. Durch leichte Veränderung ihrer Stellung sowie der der Kartoffel stellst du den genauen Punkt fest, so daß der Bleistift senkrecht auf dem Tisch steht (Abb. 2).

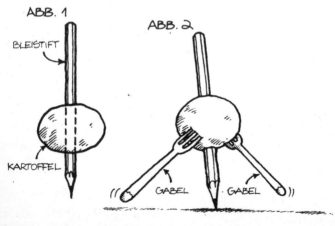

Dieser Trick funktioniert, weil das seltsam anmutende Gebilde einen tiefliegenden Schwerpunkt besitzt. Der Schwerpunkt eines Gegenstandes ist der Punkt, an dem sein Gewicht ausbalanciert ist. Der Schwerpunkt des Bleistifts liegt an der Stelle, an der man ihn auf einem Finger balancieren kann (Abb. 3). Trägt man eine Leiter

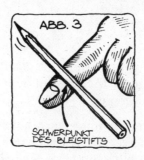

auf der Schulter, balanciert man sie an ihrem Schwerpunkt aus, um auf diese Weise das vorn nach unten drückende Gewicht und das hinten nach unten drückende Gewicht auszugleichen. Ein Gegenstand mit sehr hoch liegendem Schwerpunkt läßt sich leicht umkippen, beispielsweise ein Doppeldeckerbus, in dem sich oben die Fahrgäste drängen und unten sich kein einziger Passagier befindet. Rennwagen verfügen über einen sehr tief liegenden Schwerpunkt, damit sie nicht ohne weiteres von der Straße abkommen und ausreichend Stabilität besitzen. Dies ist auch die Erklärung dafür, warum der Bleistift umfällt, wenn man ihn auf die Spitze stellt. Bohrt man ihn jedoch in eine Kartoffel, liegt der Schwerpunkt dieses Bleistift-Kartoffel-Gebildes tiefer, und die auf beiden Seiten befestigten Gabeln pendeln das Gewicht aus.

Geld aus dem Nichts ★

Du brauchst:
eine Tasse
eine Geldmünze
ein Glas Wasser
eine große Schüssel mit Wasser
ein Lineal

Was geschieht?
Eine Münze taucht plötzlich wie aus dem Nichts auf. Du brauchst einige Minuten, um herauszufinden, wie dieser Trick funktioniert.

Die Nichtschwimmer unter euch halten vielleicht das Wasser im flacheren Teil des Schwimmbads für nicht sonderlich tief. Stellt man sich jedoch hinein, erweist es sich als wesentlich tiefer, als man angenommen hatte. Die Tiefe wird optisch verzerrt, da Licht auf dem Weg von der Luft in eine durchsichtige Substanz gebrochen wird. Diesen Vorgang kann man mit eigenen Augen ver-

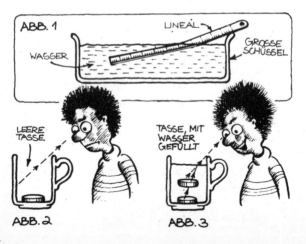

folgen. Lege schräg in eine große Schüssel mit Wasser ein Lineal. Taucht man es hinein, scheint das Lineal einen Knick zu haben (Abb. 1). Die wissenschaftliche Bezeichnung für dieses Phänomen lautet Brechung.

Lege die Münze in die Tasse und tritt so weit zurück, daß du die Münze nicht mehr siehst (Abb. 2). Ohne daß du dich von der Stelle rührst oder die Tasse bewegst, wird die Münze wieder sichtbar. Bitte jemanden, nach und nach Wasser aus dem Glas in die Tasse zu gießen, und die Münze taucht wieder auf.

In Abb. 3 erkennst du, wie die Münze Licht von einer scheinbar höher gelegenen Stelle reflektiert, und zwar weil das Licht an der Wasseroberfläche seine Richtung verändert. Auf diese Weise scheint es, als befände sich die Münze weiter oben in der Tasse, und sie wird für dich wieder sichtbar.

Ein Bücherstapel geht in die Luft ★

Du brauchst:
eine kleine Plastiktüte, beispielsweise einen Gefrierbeutel
einen Tisch
einen Stapel Bücher
deine Lungen

Was geschieht?
Du atmest aus – und hebst einen Stapel Bücher in die Höhe. Das Ganze dauert nur einige Minuten.

Fahre kurz mit der Hand in die Plastiktüte, damit die Seiten nicht zusammenkleben. Lege die Tüte so auf einen Tischrand, daß das offene Ende zu dir hin zeigt, und obendrauf einige Bücher. Halte die Öffnung zusammen, blase in die Plastiktüte, und die Bücher „gehen in

die Luft". Du hast den Bücherstapel vom Tisch befördert, ohne ihn zu berühren. Lege jetzt die Tüte so unter den Stapel, daß sie nicht zu sehen ist, und frage nun, wer mit Hilfe seines Atems die Bücher in die Höhe zu befördern vermag. Teste einmal, wie viele Bücher du hochlupfen kannst.
Bläst du in die Tüte, übt die Luft auf die Bücher Kraft aus. Je mehr Luft du hineinbläst, desto größer die Kraft und desto mehr Bücher werden angehoben.

Wie stark ist dein Händedruck? ★★

Du brauchst:
eine leere, zusammendrückbare Plastikflasche
ein scharfes Messer
einen durchsichtigen Plastikschlauch oder ein festes Rohr von mindestens 1 m Länge
Klebstoff
eine Hartfaserplatte
Tinte
einen Krug
einen Teelöffel
kleine Papieraufkleber
Klebeband

Was geschieht?
In etwa einer halben Stunde stellst du ein Gerät her, das die Stärke des Händedrucks deiner Freunde mißt.

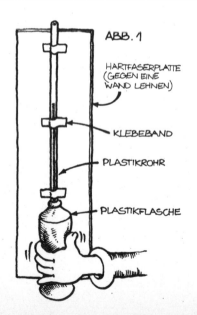

ABB. 1

Hat die Plastikflasche einen engen Hals, schneidest du den oberen Teil mit einem scharfen Messer ab. (Die Klinge muß vom Körper weg zeigen!) Dabei sollte dir am besten ein Erwachsener behilflich sein. Fülle Wasser in den Krug, füge ein wenig Tinte hinzu und rühre das Ganze mit dem Teelöffel um, bis das Wasser vollständig gefärbt ist. Fülle dieses Gemisch in die Flasche, bis diese etwa zwei Drittel voll ist.

Der Flaschenrand muß sauber, glatt und trocken sein. Klebe die Flaschenöffnung mit Klebstoff an ein Ende des Plastikrohrs und befestige das Gebilde mit Klebeband an einer Hartfaserplatte, und zwar so, daß das Rohr senkrecht steht. Schon ist dein Händedruckmesser fertig (Abb. 1). Stelle die Flasche auf den Tisch und lehne die Hartfaserplatte gegen eine Wand. Drücke nun die Flasche in der Mitte zusammen, so als wolltest du jemandem die Hand geben.

Das gefärbte Wasser steigt im Plastikrohr in die Höhe. Du kannst den erreichten „Wasserpegel" mit einem kleinen Papieraufkleber markieren und nun deine Freunde dazu herausfordern, deine Marke zu übertreffen.

Die Funktionsweise des Händedruckmessers beruht darauf, daß die Flasche zusammendrückbar ist und der Druck mittels des darin befindlichen Wassers übertragen wird. Der Druck der Hand wird mit Hilfe des Wassers übertragen, das in das Plastikrohr gedrückt wird. Das Wasser im Rohr steigt um so höher, je kräftiger der Händedruck ist. Lade nun deine Freunde zu einer Handdruckmeß-Veranstaltung ein.

Das Morsefunkspiel ★★

Du brauchst:
zwei leere Streichholzschachteln
Aluminiumfolie
Büroklammern
Flachkopfklammern
zwei kleine Glühbirnen
zwei 1,5-Volt-Batterien
Klebeband
dünne, steife Pappe
eine Schere
vier kurze Stücke isolierter Kupferdraht mit offen gelegten Enden
zwei Krokodilklemmen
drei Stücke Isolierdraht von mindestens 2 m Länge
Isolierband

Was geschieht?
Die Anfertigung des Morsefunkspiels erfordert eine gute halbe Stunde Zeit. Es versetzt euch in die Lage, geheime Nachrichten von einem Zimmer des Hauses in ein anderes zu senden und Geheimbotschaften zu empfangen.

Ziehe die „Schublade" aus einer der Streichholzschachteln und kleide sie mit Aluminiumfolie aus, wobei etwa

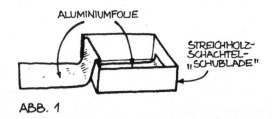

ABB. 1

10 cm Folie an einem Ende überstehen sollten. Genauso gehst du bei der anderen „Schublade" vor (Abb. 1). Bohre in beide Streichholzschachteldeckel ein so großes Loch, daß die Fassung einer kleinen Glühbirne hineinpaßt. Lege eine Büroklammer so auf die Schachtel, daß sie das Loch umrahmt, und verankere sie mit einer Rundkopfklammer. Biege die beiden „Füßchen" der Flachkopfklammer auf der Innenseite des Deckels nach oben (Abb. 2).

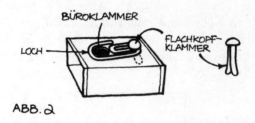

ABB. 2

Schiebe das Innenteil wieder in den Deckel der Schachtel. Stecke die Glühbirne so in die Schachtel, daß der untere Teil mit der Folie in Berührung kommt. Wiederhole diesen Vorgang bei der anderen Streichholzschachtel (Abb. 3).

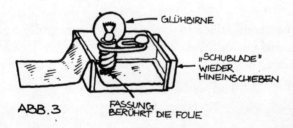

ABB. 3

Schneide aus der Pappe ein etwa 20 cm × 20 cm großes Quadrat aus. Klebe die Batterie in einer Ecke mit Klebeband fest (Abb. 4).

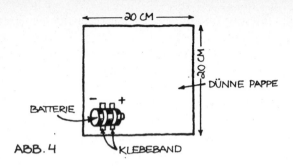

ABB. 4

Klebe die Streichholzschachtel nahe der Batterie auf der Pappe mit Klebeband fest. Verbinde den positiven Pol der Batterie mit der Glühbirne, indem du die überlappende Folie mit Klebeband an den positiven Pol klebst (Abb. 5).

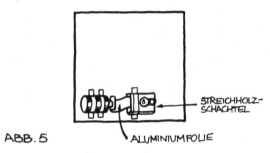

ABB. 5

Schneide ein weiteres, etwa 5 cm × 5 cm großes Quadrat aus einem Stück Pappe zu. Schneide in der Mitte dieses Quadrates ein etwa 1 cm × 1 cm großes Viereck aus (Abb. 6).

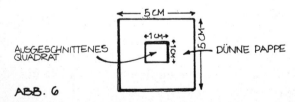

ABB. 6

Schneide aus Aluminiumfolie ein Viereck zu, das ein wenig größer sein sollte als das 20 cm × 20 cm große Pappquadrat. Lege die Folie unter die Pappe, so daß an allen Seiten ein wenig Folie übersteht (Abb. 7).

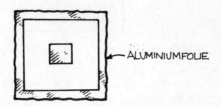

ABB. 7

Klebe dieses Pappquadrat auf das große Stück Pappe dicht neben der Batterie mit Klebeband fest, wobei die Aluminiumfolie unter dem kleinen Pappquadrat liegen sollte. Verbinde den negativen Pol der Batterie mit dem äußeren Rand der Folie mit Hilfe eines Drahts (Abb. 8).

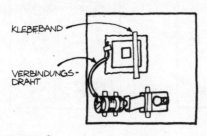

ABB. 8

Befestige eine Büroklammer auf der Pappe ungefähr an der auf Abb. 9 angegebenen Stelle. Versieh die Pappe mit einem A.
Wiederhole die Arbeitsschritte 4 bis 9 und versieh das fertige Pappquadrat mit dem Buchstaben B.

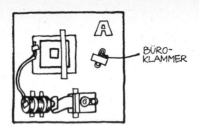

ABB. 9

Baue die Teile A und B in etwa 1 m Entfernung zueinander auf. Verbinde die Büroklammer neben der Folie auf A mittels einer der langen Drähte mit der Flachkopfklammer auf B. Wickle die offen gelegten Drahtenden um die Büroklammer bzw. um die Flachkopfklammer und sichere sie gut mit Isolierband. Verbinde dann mit einem weiteren langen Draht die Glühbirne auf A mit der Aluminiumfolie auf B (Abb. 10).

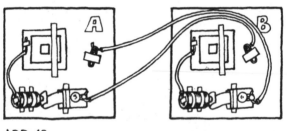

ABB. 10

Verbinde A und B mit Hilfe des dritten langen Drahtes, der die beiden Folienquadrate berührt. Befestige einen kurzen Draht mit einer Krokodilklemme an der Büroklammer, wie es in Abb. 11 zu sehen ist.

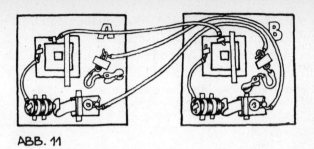

ABB. 11

Dein Morsefunkgerät ist fertig. Berühre das kleine Folienviereck in der Mitte des kleinen Pappquadrats mit der Krokodilklemme. Die Glühbirne auf Gerät A sollte aufleuchten. Wiederhole diesen Test bei B. Leuchten die Glühbirnen nicht auf, überprüfe noch einmal alle Drahtverbindungen.

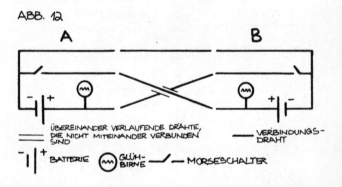

ABB. 12

In Abb. 12 siehst du eine schematische Darstellung eines geschlossenen Stromkreises, um dir die Überprüfung der einzelnen Verbindungen zu erleichtern. Tritt kein Fehler mehr auf, kann es losgehen. Die Vorrichtungen sollten in verschiedenen Räumen aufgestellt werden.

In Abb. 13 findest du das Morsealphabet, damit du jederzeit alle Zeichen vor Augen hast. Klopfe beim Übermitteln deiner Geheimbotschaften mit der Krokodilklemme auf die Aluminiumfolie. Dabei dauert ein Strich dreimal so lange wie ein Punkt.

ABB. 13

A	· —	V	· · · —
B	— · · ·	W	· — —
C	— · — ·	X	— · · —
D	— · ·	Y	— · — —
E	·	Z	— — · ·
F	· · — ·		
G	— — ·	BEGINN DER ÜBERMITTLUNG	— · — · —
H	· · · ·		
I	· ·	ENDE DER BOTSCHAFT	· — · — ·
J	· — — —	FEHLMELDUNG	· · · · · · · ·
K	— · —		
L	· — · ·	1	· — — — —
M	— —	2	· · — — —
N	— ·	3	· · · — —
O	— — —	4	· · · · —
P	· — — ·	5	· · · · ·
Q	— — · —	6	— · · · ·
R	· — ·	7	— — · · ·
S	· · ·	8	— — — · ·
T	—	9	— — — — ·
U	· · —	0	— — — — —

Die Staubexplosion ★★★

Du brauchst:
eine leere Kaffeedose mit Plastikdeckel oder eine andere Blechdose mit einem fest schließenden Deckel
ein Stück dünnen Gummischlauch (mindestens 1 m lang)
einen kleinen Plastiktrichter (der Trichter sollte fest in den Gummischlauch passen)
einen Kerzenstummel, ca. 5 cm lang
eine Schachtel Streichhölzer
Lycopodium
einen Löffel
Hammer und Nagel (oder einen kleinen Bohrer)

Was geschieht?
Deine Zuschauer werden staunen, wenn du ihnen vorführst, wie ein Teelöffel Pulver eine Explosion verursacht. Für die Herstellung benötigst du etwa zwanzig Minuten.

Bitte einen Erwachsenen, in den Boden der Dose ein kleines Loch zu bohren. Das Loch sollte seitlich angebracht werden und so groß sein, daß das Schlauchstück gerade hineinpaßt. Achte darauf, daß am Loch keine scharfen Kanten überstehen (Abb. 1).

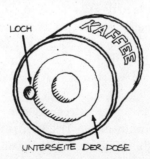

ABB. 1

Schiebe den Schlauch etwa 5 cm weit durch das Loch und stecke im Doseninnern den Trichter darauf (Abb. 2).
Zünde die Kerze an und laß im Doseninnern ein wenig Wachs auf den Boden tropfen, und zwar so weit es geht vom Gummischlauch entfernt. (Halte die Kerze am unteren Ende, damit du dir keine Verbrennungen zuziehst. Am besten bittest du deinen Lehrer, dir dabei behilflich zu sein!)

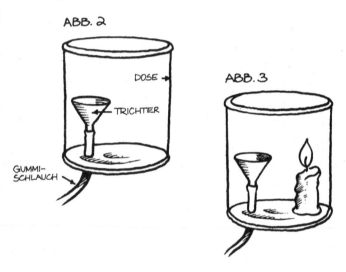

Drücke die Kerze in das Wachs (Abb. 3). Kippt die Kerze um, laß noch mehr Wachs auf die Stelle tropfen, bis sie festen Halt hat. Drücke den Deckel fest auf die Dose und blase schnell Luft durch den Schlauch (Abb. 4). Wie nicht anders zu erwarten stand, wird die Kerze ausgeblasen!
Und was soll daran so aufregend sein? Nun, gib einen Löffel Lycopodium in die Trichteröffnung. Zünde die Kerze vorsichtig wieder an, verschließe die Dose und

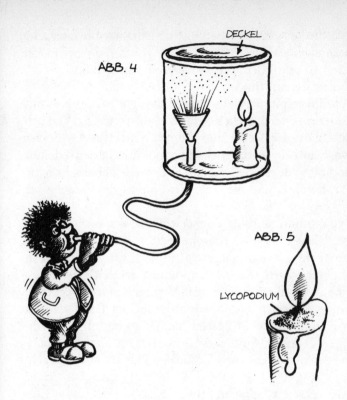

ABB. 4
DECKEL
ABB. 5
LYCOPODIUM

blase erneut blitzschnell in den Schlauch. BUMM! Mit einem Knall fliegt der Deckel von der Dose. Stelle zuvor sicher, daß sich niemand in der Nähe der Dose aufhält! Achte außerdem darauf, anschließend die Kerze sofort wieder auszublasen, das sonst Gefahr besteht, daß der Trichter Feuer fängt.

Wodurch ist diese Explosion entstanden? Natürlich aufgrund des hinzugefügten Pulvers, wird dir dein gesunder Menschenverstand sagen, da vor der Zugabe von Lycopodium sich nichts abspielte. Um diese Behauptung zu überprüfen, versuche folgendes Experiment: Gib ein wenig Pulver oben auf die Kerze (Abb. 5).

Zünde die Kerze an und stelle sie schnell in die Dose, die sofort verschlossen werden muß. Entferne den Deckel nach 10 Sekunden. Das Pulver verbrennt, ohne daß eine Explosion stattfindet.

Warum explodiert das Pulver diesmal nicht? Um das herauszufinden, stellen wir noch einen weiteren Versuch an. Blase die Kerze aus. Nimm den Deckel von der Dose, gib ein wenig mehr Lycopodium in den Trichter und blase durch den Schlauch. Du siehst eine sehr feine Staubwolke, und diese Staubwolke ist die Ursache für die Explosion.

Lycopodium enthält Zuckerstoffe und speichert Energie. Diese Energie wird freigesetzt, sobald sich die Zuckerstoffe mit dem Sauerstoff in der Luft verbinden. In anderen Worten: Bei Lycopodium handelt es sich um eine Art Treibstoff. Die beim Verbrennen frei werdende Energie können wir uns zunutze machen. Das Pulver ist von staubähnlicher Beschaffenheit, es besteht aus winzigen Teilchen. Sind diese winzigen Partikel aufeinandergehäuft, brennt nur die äußere Schicht, und dies geht sehr langsam vonstatten. Wirbelt man sie jedoch auf und „erzeugt" eine Staubwolke, lassen sich diese Tausende von Teilchen sehr leicht in Brand setzen, es wird viel mehr Energie freigesetzt, und es bilden sich blitzschnell neue Gase. Im Innern der Dose entsteht Druck, und sie explodiert.

Indem du eine Staubwolke erzeugst, vergrößerst du den Flächeninhalt des Pulvers. Bei einer Reihe chemischer Prozesse beschleunigt eine Vergrößerung des Flächeninhalts den Vorgang. Beispielsweise kommt es immer wieder in Getreidemühlen zu Explosionen, weil jemand sich aus Unachtsamkeit eine Zigarette anzündet.

Der elektrische Stift ★★★

Du brauchst:
ein Blatt weißes Löschpapier oder Filterpapier
ein dünnes Blatt Kupferfolie
zwei Stücke Isolierdraht, an dessen Enden je eine Krokodilklemme befestigt ist
eine 3- bis 6-Volt-Batterie
Gummihandschuhe
einen kleinen Becher oder eine Tasse
einen Spachtel oder einen alten Teelöffel
Natriumsulfat in fester Form
Phenolphtaleinlösung
Isolierband
eine Pipette

Was geschieht?
Ein Elektrodraht verwandelt sich in einen Schreibstift. Du benötigst für die Durchführung des Experiments nur einige Minuten.

Befestige den einen Draht am positiven Pol der Batterie, den anderen am negativen Pol. Verwende dazu Isolierband. Klemme das andere Ende des ersten Drahts an die Kupferfolie, so daß diese mit dem positiven Pol der Batterie verbunden ist. Fülle den Becher bis zu drei Viertel mit Wasser, füge zwei Teelöffel voll Natriumsulfat hinzu und führe das Ganze um, bis diese sich aufgelöst haben. Gib mit der Pipette zwei bis drei Tropfen Phenolphtalein hinzu.
Ziehe die Gummihandschuhe an, damit du keinen leichten Schlag bekommst, wenn du versehentlich mit einer nicht isolierten Stelle des Drahtes in Berührung kommst oder versehentlich Chemikalien auf die bloßen Hände streust. Tauche das Lösch- oder Filterpapier in

die Natriumsulfat-Phenolphtalein-Mischung und lege
es anschließend auf die Kupferfolie. Das nicht isolierte
Ende des zweiten Drahtes dient dir als Schreibstift.
Schreibe nun etwas auf das Löschpapier (Abb. 1). Das
Geschriebene wird in Rot erscheinen.

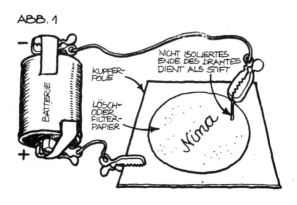

Lösungen, die sich verändern, wenn elektrischer Strom
durch sie hindurchfließt, werden als Elektrolyte bezeichnet. Sie enthalten elektrisch geladene Teilchen, sogenannte Ionen, die die Lösung durchströmen, wenn
elektrischer Strom fließt, und somit in der Lösung eine
Elektrolyse hervorrufen. Bei Natriumsulfat handelt es
sich um ein Elektrolyt. Berührt man das Löschpapier
mit dem „Stift", findet eine chemische Veränderung der
Lösung statt. Phenolphtaleinlösung ist ein Farbstoff,
der sich durch die Natriumsulfat-Elektrolyse von farb-
los bis zu Rot verfärbt. Am stärksten findet diese Reaktion an den Stellen statt, an denen du mit dem „Stift"
das Löschpapier berührst. Indem du mittels der Krokodilklemme das nicht isolierte Drahtende über das
Löschpapier führst, wird eine Rotfärbung des Phe-
nolphtaleins ausgelöst, und die Schrift wird sichtbar.

Silberherstellung ★★★

Du brauchst:
ein Reagenzglas mit weitem Hals
flüssige Silbernitratlösung (0,2 molar)
einen Streifen Kupferfolie (ca. 1,5 cm breit und etwa so lang wie das Reagenzglas)
einen Kolbenständer mit Reagenzglashalterung

Was geschieht?
Du kannst beobachten, wie sich glitzernde Silberkristalle bilden. Für die Silberherstellung benötigst du nur einige Minuten.

Drehe ein Ende der Kupferfolie zu einer Spirale (Abb. 1). Fülle das Reagenzglas zur Hälfte mit der Silbernitratlösung, schiebe es in die Halterung und tauche das spiralförmige Ende der Kupferfolie hinein. Biege das obere Ende so um, daß die Folie in der Lösung frei hängt (Abb. 2). Nach kurzer Zeit bilden sich am unteren Ende der Folie Silberkristalle. Das Reagenzglas darf nicht bewegt werden, da sonst die Kristalle herunterfallen

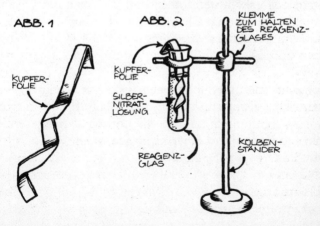

und zerfallen. Die anfangs farblose Lösung nimmt eine bläuliche Färbung an.

Die Wissenschaft geht davon aus, daß jeder Stoff aus winzigen Teilchen, sogenannten Atomen, besteht, von denen es über hundert verschiedene Arten gibt. In diesem Experiment kannst du eine chemische Reaktion von Atomen verfolgen. Kupferatome reagieren schneller als Silberatome, das heißt, Kupferatome gehen schneller mit anderen Stoffen Verbindungen ein. Die Silberatome in diesem chemischen Prozeß sind positiv geladen und verbinden sich mit Atomen, die negativ geladen sind, den Nitraten. Geladene Atome werden als Ionen bezeichnet, also besteht Silbernitrat aus Silber-Ionen und Nitrat-Ionen. Befinden sich nun die schneller reagierenden Kupferatome der Kupferfolie in der Silbernitratlösung, stoßen sie die Silber-Ione ab, um sich dann mit den Nitrat-Ionen zu verbinden. Dabei verlieren die Silber-Ionen ihre positive Ladung und verwandeln sich in ungeladene Silber-Ione, die silbrig aussehen. Die Kupferatome nehmen eine positive Ladung an und werden zu Kupfer-Ionen. Diese unterscheiden sich von ungeladenen Kupferatomen und verleihen der Lösung die blaue Färbung. Chemiker beschreiben diese Reaktion mit folgender Gleichung:

Kupfer + Silbernitrat = Kupfernitrat + Silber

Kupfernitrat und Silber gehen aus dieser Reaktion hervor. Das Kupfernitrat ruft die Blaufärbung hervor. Doch, Achtung! Sobald du die Lösung abgießt, zerfallen die Kristalle zu einer klebrigen Masse.